冰菜栽培及利用

BINGCAI ZAIPEI JI LIYONG

编　著　练冬梅　洪建基
参　编　赖正锋　林碧珍　张少平　李　洲
姚运法　吴松海　鞠玉栋

资助项目
福建省农业科学院乡村振兴科技服务团队项目（2023KF01）
福建省农业科学院东西部协作项目（DKBF－2022－06）
福建省农业科学院科技创新平台专项（CXPT202103）

海峡出版发行集团 | 福建科学技术出版社
THE STRAITS PUBLISHING & DISTRIBUTING GROUP | FUJIAN SCIENCE & TECHNOLOGY PUBLISHING HOUSE

图书在版编目（CIP）数据

冰菜栽培及利用 / 练冬梅，洪建基编著 . -- 福州：福建科学技术出版社，2023.10

ISBN 978-7-5335-7099-6

Ⅰ . ①冰… Ⅱ . ①练… ②洪… Ⅲ . ①番杏科—绿叶蔬菜—蔬菜园艺 Ⅳ . ① S636.9

中国国家版本馆 CIP 数据核字（2023）第 155121 号

书　　名　冰菜栽培及利用
编　　著　练冬梅　洪建基
出版发行　福建科学技术出版社
社　　址　福州市东水路 76 号（邮编 350001）
网　　址　www.fjstp.com
经　　销　福建新华发行（集团）有限责任公司
印　　刷　福建新华联合印务集团有限公司
开　　本　700 毫米 ×1000 毫米　1 / 16
印　　张　16
字　　数　240 千字
版　　次　2023 年 10 月第 1 版
印　　次　2023 年 10 月第 1 次印刷
书　　号　ISBN 978-7-5335-7099-6
定　　价　38.00 元

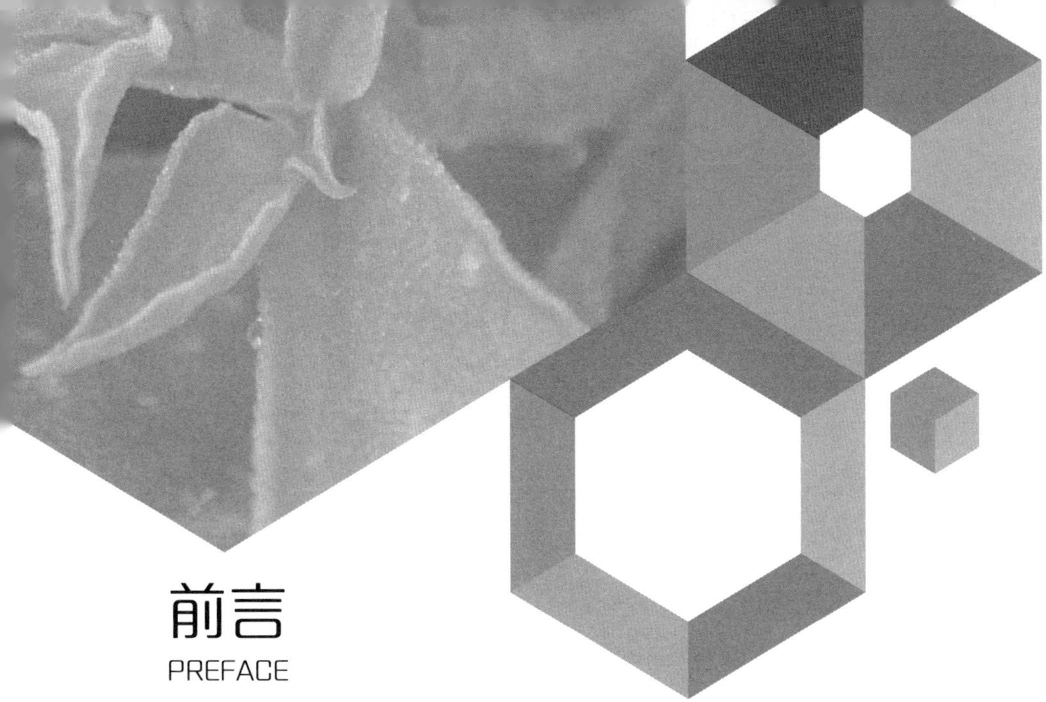

前言
PREFACE

冰菜又称水晶冰菜、冰叶日中花、冰花、冰草、水晶花、钻石花、冰叶，属于番杏科日中花属一年生肉质草本耐盐植物，基因组大小约为 393 Mb，共 9 条染色体（$2N=18$）。原产于非洲南部和东部，现国内已大量引进种植。冰菜耐旱、耐盐碱，甚至可在全海水浇灌环境中生长，最适宜生长的盐分条件为海水浓度的 20%，相当于土壤含盐量 0.6%~0.7%。冰菜在生长过程中，可从土壤中吸收大量盐分，逐渐实现土壤脱盐。据测算，冰菜平均每年每亩可吸收约 200 kg 盐分，是改良盐碱地的理想作物。冰菜从根部吸收的矿物质（盐分等）在体内储存过多而无法正常调整时，这些成分会被释放到茎部及叶部表面，在食用时产生的咸味就是由此而来的。冰菜主食部分嫩茎叶富含氨基酸、黄酮、多羟基化合物（松醇、芒柄醇和肌醇）、苹果酸、天然植物盐，以及钙、钾等矿质元素，是具有保健价值的时新绿色蔬菜。其重要保健功能有：有效降低血压、血脂、血糖，促进人体细胞代谢，对预防肝脏及动脉硬化、阿尔茨海默病等疾病有一定的作用。同时，冰菜冰晶中的盐为天然植物盐，对于其他对钠敏感性的高血压、心血管疾病、机体免疫机能障碍和肿瘤等疾病和并发症也有明确的疗效。目前，世界各地广泛栽培冰菜，其栽培及利用技术不断趋于成熟。基于此，我们在参阅了大量有关资料的基础上，结合项目组多年从事冰菜科研成果与生产实践经验，特编写此书。

本书较全面地阐述了冰菜的发展概况、生物学特性与生长发育规律，重点介绍了冰菜的生物学特性、营养成分与价值、育苗技术、栽培技术、逆境生理及其防治、加工利用技术等。本书编写目的是为了进一步提高冰菜栽培与加工技术水平，普及推广冰菜栽培技术，为广大蔬菜专业户和专业技术人员提供理论和实践指导，帮助他们解决一些生产上的实际问题。

全书由练冬梅和洪建基拟订撰写纲目和内容，并负责统稿，其中练冬梅负责全书第一章至第八章共20余万字的撰写工作，洪建基、赖正锋、林碧珍、张少平、李洲、姚运法、吴松海、鞠玉栋等团队成员也为本书的出版做了一定工作。

本书撰写过程中，广泛参考了一些国内外专家和学者的论著及文献，同时吸取了种植户及企业的生产实践经验，注重理论和实践相结合，理论知识通俗易懂，实践经验切合生产实际，具有较高的实用性和可操作性。本书可供广大蔬菜生产专业户和科技工作者使用，也可供农业院校师生学习参考。

本书的出版得到福建省农业科学院乡村振兴科技服务团队项目、福建省农业科学院东西部协作项目和福建省农业科学院科技创新平台专项基金的大力支持，在此深表谢意。

由于编者水平有限，书中难免出现不当之处，敬请专家、同仁和读者批评指正。另有少数图片来源于网络，因条件限制，未能找到来源并进行标注，敬请原作者及时联系。

编著者

2023年2月

目录

CONTENTS

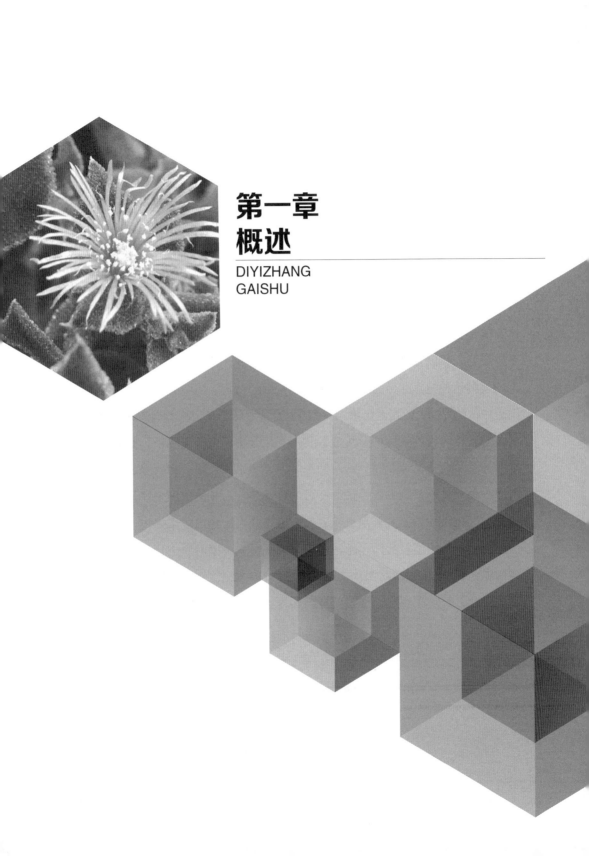

第一章
概述

DIYIZHANG
GAISHU

第一节　起源、分布与栽培

冰菜（*Mesembryanthemum crystallinum* Linn.）是番杏科日中花属的一年生或二年生草本植物，又名水晶冰菜、冰叶日中花、冰花、冰草、水晶花、钻石花、冰叶等。冰菜叶面和茎上着生有大量大型泡状细胞，里面填充有液体，在太阳照射下反射光线，就像冰晶一样，因此得名。冰菜茎匍匐，叶互生，扁平，肉质，卵形或长匙形，紧抱茎，有发亮颗粒。花单个腋生，几无花梗；花瓣多数，比萼片长，花白色或浅玫瑰红色，果实为蒴果。冰菜原产于非洲南部纳米比亚等地，在澳大利亚西部、环地中海沿岸和加勒比海周边等国家均有分布或引进栽培，我国各地亦有种植推广，尤其在云南、西安、青岛等地已经有了冰菜的规模化种植。冰菜营养丰富，口感鲜嫩、清爽，风味独特，且自身的泡状细胞中带微咸味，无其他异味。冰菜的主要食用部分是带盐囊泡的嫩茎和叶片，富含对人体有用的天然的苹果酸、黄酮类化合物、抗酸化物质、氨基酸和松醇等多羟基化合物，以及钾、钙、钠等多种矿物质，是集多种营养成分为一身的保健蔬菜，具有很高的营养价值，可生食或炒食。在法国广受欢迎，在日本还被开发为化妆品。冰菜天生自带的抗病虫害基因比别的蔬菜强大，所以在其生长过程中，不用喷农药，只需施用少量的肥料就可以健康生长。这也是它可以直接鲜食的原因，也因此为其赢得绿色蔬菜的美誉。此外，冰菜对糖尿病的治疗，以及对肝脏与动脉硬化，阿尔茨海默病的预防均有很好的作用，故被作为一种新兴的具高营养价值的功能性蔬菜进行规模化种植。近年来，冰菜逐渐被人们认识和青睐，我国已有多家企事业单位引种和开发。

第二节　经济效益

一、经济效益

根据地区气候情况，不同地区种植茬数不同，按照一般年份市场行情测算，一般每茬每亩产量 2000 kg 左右，市场销售价目前达到 8 元 /kg~10 元 /kg，扣除每亩种子、肥料、农药、农膜、农机、承包费、人工费用等成本 2000 元左右，平均每茬每亩纯收入 1.4 万元 ~1.8 万元，具有可观的经济效益和广阔的市场前景。

在非洲，冰菜被许多部落当作民族医药看待，有时也被当做肥皂使用。日本研究人员还将其开发为化妆品，由于此种化妆品具有很好的保湿效果且富含维生素，而受到消费者的青睐。冰菜可提取各种天然的功能性化合物，如黄酮、多酚、*D* – 松醇等进行加工以增加冰菜的附加值，故具有很好的经济效益。

冰菜叶形奇特，花色艳丽，茎叶表面上还有一粒粒的泡状小隆起，形似水晶一般，十分美丽，一些企业在园艺设施中种植冰菜供游客观赏和自助采摘，其观赏经济价值很客观。

二、社会效益

因冰菜生长快，病虫害少，易栽培、易管理，适应性强，口感好，产量高，营养价值高，颇受市场欢迎，可以有效补充居民的菜篮子。

三、生态效益

冰菜作为一种可食用的耐盐植物，兼具食用价值和生态改良价值。其具有将盐粒子富集于叶片表皮盐囊泡中的能力，能在 0~100% 海水中完成生活史，且 20%~60% 浓度海水对冰菜生长影响较小。

利用泌盐性植物冰菜，可帮助吸收土壤中的盐分，并将盐分排出体外，实现土壤中的盐分转移，最大化地改良土壤的盐碱性。

海水倒灌田种植下的冰菜的茎粗、叶片长度、叶片宽度、叶片厚度、单株生物量均高于对照，其中茎粗与叶厚显著高于对照，茎粗达 1.54 cm，是对照的 128.33%；叶片长度、叶片宽度、叶片厚度，分别是对照的 117.48%、113.10%、135.29%；单株生物量为 83.33 g，是对照的 117.37%。田间试种下冰菜的生长指标表明冰菜能够在海水倒灌田生长，且生长状况良好，生物量高，亩产丰富。

表 1　盐渍地种植下冰菜的形态特征

种植地	茎粗（cm）	叶长（cm）	叶宽（cm）	叶厚（cm）	生物量（g）	亩产（kg）
海水倒灌田	1.54±0.11a	10.62±1.56a	7.25±0.84a	0.23±0.01a	83.33±11.59a	3000±300.67
非海水倒灌田	1.20±0.04b	9.04±1.38a	6.41±1.09a	0.17±0.01b	71±6.56a	—

表 2 为冰菜种植地和裸地在冰菜种植前和采收后，0~15 cm 土层 Na^+、Cl^- 含量变化。与种植前相比，对照裸地采收后土壤的 Na^+、Cl^- 含量分别是种植前的 105.97% 和 107.07%；而冰菜种植地采收后土壤的 Na^+、Cl^- 含量分别是种植前的 28.43% 和 25.51%。即就该海水倒灌田而言，冰菜可脱去该田 70% 以上的 Na^+ 和 Cl^-。

表 2　冰菜种植前后土壤含盐量变化

项目	种植前		采收后	
	Na^+ 含量（g/kg）	Cl^- 含量（%）	Na^+ 含量（g/kg）	Cl^- 含量（%）
对照	10.22±0.13	0.99±0.01	10.83±0.15	1.06±0.01
冰菜种植地	10.34±0.12	0.98±0.01	2.94±0.13	0.25±0.01

冰菜可以从土壤中积累吸收部分盐分，因而在采收后就实现了土壤盐分的转移，同时种植冰菜提高了地表植被覆盖率，减轻了地面蒸发造成的积盐，充分证明冰菜对海水倒灌田有良好的脱盐作用。

冰菜兼具园艺观赏与食用价值

第三节　冰菜产业化发展的机遇

一、农业发展政策扶持

党的十九大提出了实施乡村振兴战略，总要求就是“产业兴旺、生态宜居、乡风文明、治理有效、生活富裕”，要求坚持农业农村优先发展，加快推进农业农村现代化。农业农村农民问题是关系国计民生的根本性问题，必须始终把解决好“三农”问题作为全党工作重中之重，要让农业成为有奔头的产业、要让农民成为有吸引力的职业、要让农村成为安居乐业的家园。国家、省、市各级政策也加大强农惠农富农政策力度，农业支持保护补贴、农机补贴、规模经营补贴、“三品一标”获证补助、生态效益补偿、农林业保险等各方面补贴、补偿、补助政策逐步完善；中央财政现代农业生产发展项目、高标准农田建设项目、农产品产地初加工补助项目、省级农业三新工程项目、绿色高质高效创建项目、新型职业农民培育项目、测土配方施肥项目等全面深入产业发展，注入农业发展新动力，框架完整、措施精准、机制有效的政策支持体系逐步构建和完善。

全国农业系统每年获得大量补贴资金，涉及农、林、牧、渔各个行业及相关的重要生产环节和产能提升、主体培育与载体建设、科技创新与推广服务、信息与互联网、资源利用与生态保护等各个方面。重点加强各类现代农业园区公共基础设施和公共服务能力建设，加强农业龙头企业和外向型农业企业引进、设施设备改造及技术研发，支持农民专业合作社和家庭农场健康发展，支持优质稻麦、绿色蔬菜、应时水果、特粮特经等优势特色主导产业发展和品牌建设，支持农村一、二、三产业融合发展、外向型农业发展等。对于引进产业化冰菜栽培而言具有较好的农业发展基础和政策优势。

二、蔬菜产业转型需求

随着现代农业的快速发展和人民生活水平的不断提高，当前我国城乡居民正在发生显著的消费需求升级，农产品从数量需求向数量与质量需求并重转变，消费者更加注重农产品的品质和安全；农产品从单一产品消费向产品消费与服务消费并重转变，农业的多功能拓展不断深化，观光农业、休闲农业、体验农业、康养农业、创意农业等新的业态不断成长。农业供给侧结构性改革也注重突出产品结构调“优”，消除无效供给，增加有效供给，拓展中高端供给，突出优质专用、大宗农产品和特色产品优势；注重突出生产方式调“绿”，重在推行绿色生产方式，修复治理生态环境，注重清洁生产、节水工程、环境治理、生态工程等；注重突出产业体系调“新”，农村新产业新业态、产业深度融合、全环节升级、全链条升值，大力发展乡村休闲旅游产业、农村电商、现代食品产业、特色村镇等。

近年来，全国上下正在积极构建现代产业体系，加快形成优势特色产业体系，在农业方面，聚焦发展特优高效种植、特种绿色水产、特色生态休闲三大高附加值现代农业特色产业，推动农业拉长产业链、拓展功能链、提升价值链，不断拓宽农业增产增值空间。农业发展呈现生产区域化、产品优质化、经营专业化的发展，在蔬菜产业供给侧结构性改革中必须突出新品种、新技术、新模式、新装备的引入和应用，传统的蔬菜产业需要尽快向有核心技术支撑的高新高效蔬菜产业发展。冰菜因其独特的株型、口感和营养及其非常高的观赏价值、食用价值、营养价值和保健价值，在农业生产中不仅可以当作特色产业发展，也能与休闲旅游、餐饮娱乐、教育文化、健康养生、农村电商等深度融合，发展观光农业、体验农业、休闲农业、创意农业等新产业。积极引进以冰菜为代表的新品种，大力发展绿色生产，深化产业深度融合，发挥区域优势，转变产能升级，能更好地促进农业供给侧结构性改革，优化产业结构，实现农民增收，乡村振兴。

三、土壤盐渍化治理需要

土壤盐渍化一直是人们关注的重要环境问题。土壤盐渍化指的是土壤下层或者水分中的盐分上升到地表造成土壤含盐量过高的过程。土壤盐渍化对农业造成了持续性的危害。目前，全球 20% 以上的农业区受到这样的负面影响。如果置之不理，到 2050 年，受影响的土地面积会达到 50%。因此，土壤盐渍化的加剧，已经威胁到了粮食安全、资源利用、生态环境等方面的问题。盐碱地中含有大量钠离子、氯离子、碳酸氢根等，这些离子是制约植物生长的主要因素。土壤中盐分浓度过高，降低了土壤水势，植物不能有效地吸收土壤中的水分和养分，所以表现出生长缓慢、叶片发黄，叶片失水、根系发育不良等症状，更为严重的会直接导致死亡。土壤盐渍化的治理，已成为盐碱化话题中的一个热点问题，改良盐碱地的主要措施有农业、水利、物理化学、生物等方法，但目前最有效的两种方法：一种是结合农业实践和植物修复技术降低土壤中的盐量；二是基因工程措施培育抗盐品种或选择耐盐能力强的有经济价值的植物，如一些盐生植物，二色补血草、盐地碱蓬和冰菜等。大量实践证明，在盐碱地种植盐生植物进行生物改良，是最根本、经济和可持续的治理方式。盐生植物能在盐碱地上正常生长，从而增加了盐碱地的地表覆盖，减弱了地表蒸发，抑制了返盐，增加土壤微生物含量，改善了土壤及周围的生态环境。因此，培育和种植耐盐植物或有经济价值的盐生植物对于改良和利用盐碱地具有重大意义，同时还可带来生态效益和经济效益。

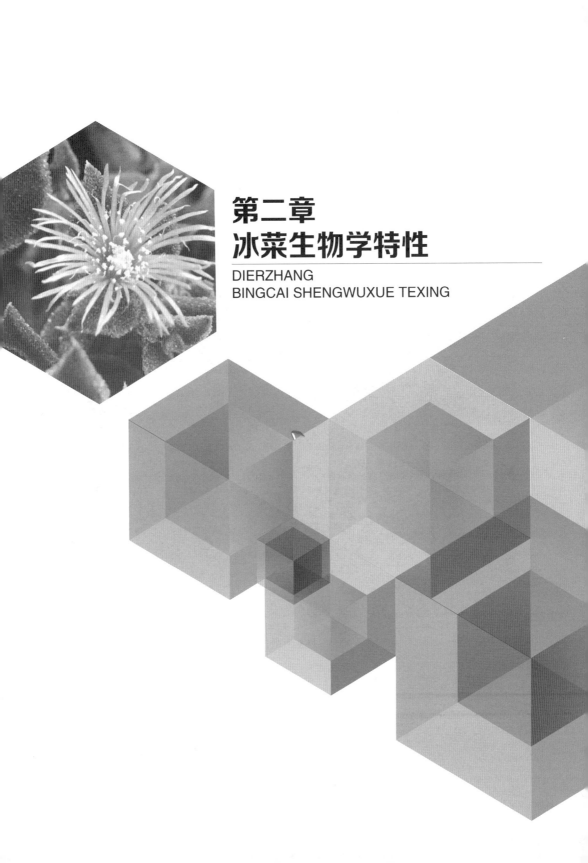

第二章 冰菜生物学特性

DIERZHANG
BINGCAI SHENGWUXUE TEXING

第一节 植物学特性

一、根

冰菜的根为须根系，根系发达，水培根可长至 40 cm~50 cm 长。田间栽培时表现为浅根性生长。

冰菜水培根

冰菜土培根

二、茎

冰菜茎长 30 cm~60 cm，圆柱形，半蔓生，初期直立生长，后期匍匐生长，分枝力强，每个叶腋中都能长出侧枝，茎上着生有大量大型冰晶状颗粒，里面填充有液体，含有一定的盐分，吃起来有咸味。由于温度光照原因，冰菜茎部会出现红色冰晶。

冰菜分枝能力强

三、叶

冰菜叶片对生，基部呈心形，抱茎生长，长 15 cm~18 cm，宽 7.5 cm~14 cm，形状略似菱形，全缘，扁平，肉质肥厚，呈浅绿色，叶边缘呈波浪状，无锯齿，叶片正面有大量点状液泡，叶片背面与茎上着生同样冰晶状颗粒，内部含有盐分的液体，下部叶有柄。随着采摘次数的增加，冰菜不断分枝，冰菜叶片越来越小。由于温度光照等因素，冰菜叶片会变成深绿色或略带红色。当冰菜进入生殖生长期时，冰菜会出现叶小，叶边缘变红。

冰菜未采摘前叶片

冰菜采摘中期叶片

冰菜采摘后期叶片

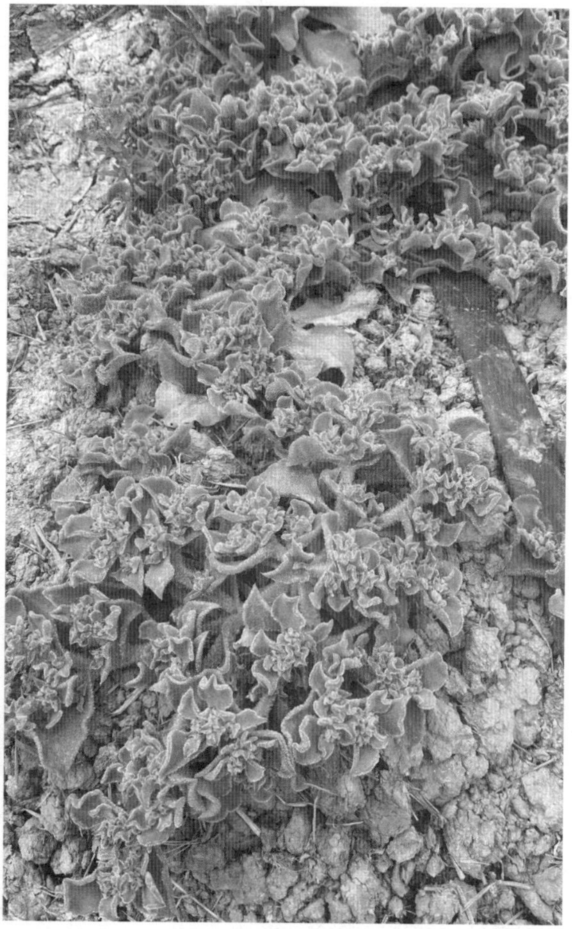

冰菜准备生殖生长时叶片

四、花

冰菜花多，花单个顶生或腋生，直径约 1 cm，花后分叉出枝，花白色，中心淡黄，花瓣多数，线形，长于萼片，形似菊花，瓣狭小，具有光泽，自春季至秋季陆续开放。

冰菜开放花

五、蒴果

冰菜蒴果肉质，表皮绿色，星状 4 瓣裂，呈红色，直径 1.3 mm~1.5 mm，表面有晶莹剔透的冰珠，蒴果不易开裂。青果：蒴果大小已长定，果壳为绿色，拨开果壳可见成粒的种子附在胎座上，种子呈白色或黄色，易附着于手上，水分较大。黄果：果壳渐渐变成黄褐色，种子呈黄色、深褐色或棕色，种子不粘手，

冰菜蒴果

易脱粒。褐果：果壳变成深褐色、黑色，种子呈褐色、深棕色，种子很干，不粘手，易脱落。

六、种子

冰菜种子，极小且硬度较高，直径只有 1 mm 大小，种皮呈灰褐色或黄褐色。单株结果数约 900 个，每个蒴果有种子 60 粒，种子呈椭圆形，千粒的质量约为 0.3 g，亩产可达 70 kg。种子保存条件以含水量 8% 以下，温度 4℃保存效果较好。冰菜以种子繁殖，分杂交种和常规种，农业生产上最好利用杂交种，主要是可利用杂交第一代的增产优势，生活力强，适应性广，有较强的抗逆力和竞争力，相比常规种侧枝细嫩增产在 30% 左右，商品价值明显增加。

冰菜种子

七、冰菜子叶和真叶显微结构

冰菜为异面叶，栅栏组织排布均匀紧凑。叶上下表面附有膜壁形成囊泡状复合物，气孔集中在囊泡或囊泡之间能暴露出叶表皮的位置，集中分布，囊泡下方无气孔或有一至两个气孔，且已失去气孔作用。囊泡下方表皮细胞壁有大量纹孔状结构，盐碱液利用细胞壁上的纹孔渗出至囊泡。囊泡内有浓度较高的盐碱液，但盐碱液并不是由囊泡分泌，而是整株植物的某些细胞里有噬盐碱的物质，将所吸收的大量盐碱物质形成簇晶囤积到细胞里，随纹孔作用和叶片蒸腾拉力作用，把盐碱液体集中至一个位置成饱和状态，但囊泡内无固体析出。叶肉细胞内形成固体状态的片状或针状盐碱晶体。新鲜叶片气孔在囊泡之间，囊泡内无气孔，为了保持水分，气孔微微下陷。子叶上有气孔，无囊泡，气孔较清晰，因其无囊泡，在细胞内形成盐花，由于形成的晶体形状不一致，说明对盐碱无单一嗜性，但凡盐碱液都吸收。子叶细胞中盐碱晶体为片状成花朵状围绕在表皮细胞纹孔周围或集中于细胞内部，真叶细胞中的盐碱以针状晶形态填充于分散在叶肉细胞中，表皮囊泡中叶偶见零星针状晶体存在。

第二节　生长特性

一、温度

冰菜不耐高温，较耐低温，喜日光，生长温度范围 5℃ ~30℃，最适生长温度 20℃ ~25℃，低于 5℃或高于 30℃均会出现枯萎，超过 30℃会形成簇生生长，叶片瘦小老化快，对产品性状极其不利，当棚温降至 0℃时出现低温危害。露地直播宜在低温稳定在 15℃以上时进行，育苗温度以 20℃左右为宜，初秋温度低于 28℃时开始播种繁殖。经研究发现 24℃ ±2℃下冰菜光合速率最高，生长状况最好，品质最佳，是较合适的生长温度。

二、水分

冰菜植株喜干燥气候，较耐干燥。定苗后需注意控水，一般定植后 10 d 内不用浇水，后期应在叶片略显萎缩时才补充水分，以浇透为宜。适度的控制水分，有利于冰菜茎叶部位的结晶体的形成，提高商品性。若栽培期间水分过大，则形成的晶体颗粒较少，自身咸味淡，口感差。

三、光照

冰菜在夏季栽植时应当考虑搭遮阳网以达到降温目的，设施栽培应注意及时通风降温除湿。冰菜对光照条件不严格，喜光也耐阴，光照度在 3000 lx~

14000 lx 均可生长。温室冬春茬栽培，可以完全满足全生长期光照需求，无须特别调节。光照条件好，叶片肥厚较大，分枝粗壮，品质好；长期光照过少，则叶片瘦小，分枝短，产品品质差；但若光照过强，叶边缘会变红老化，影响商品品质。

四、土壤和营养

冰菜可以露地栽培，也可以设施栽培，喜排水良好的沙壤土，也可在近海地区栽培。由于冰菜对重金属有极强的吸收能力，所以露天栽培时应当确保用地没有受到污染。栽培时，最好选用沙壤土和泥炭土混合，确保其良好的透气、透水性能。

第三节　光合特性

根据光合作用中的碳化途径，可将植物大致分为三碳（C3）植物、四碳植物（C4）及景天酸代谢（CAM）植物。世界上仅有 7% 的维管束植物能够进行 CAM 代谢，CAM 植物根据基因类型及个体发育情况的不同可进一步划分为专性 CAM 植物、兼性 CAM 植物（C3/CAM 植物）。专性 CAM 植物是主要以 CAM 途径进行碳代谢的植物，而兼性 CAM 植物是一种在长期进化及适应环境的过程中所形成的生理结构和形态特性介于专性 C3 植物和专性 CAM 植物之间的植物，既能在一般环境中生存，又能响应较为恶劣的环境机制。

一般来说，CAM 植物的一个昼夜碳循环周期存在以下 4 个阶段：第一阶段，大气中的二氧化碳在夜晚通过开放的气孔进入叶肉细胞；第二阶段，二氧化碳经由磷酸烯醇式丙酮酸羧化酶的催化反应固定在细胞质中形成苹果酸，苹果酸在夜间被运送到液泡中储存，此时气孔逐渐闭合，并且苹果酸从液泡流到胞质溶胶中；第三阶段，气孔关闭导致植物中氧气和二氧化碳的细胞间分压的平行增加；第四阶段，气孔在苹果酸盐被植物耗尽后重新开放，此时允许二磷酸核酮糖羧化酶直接固定二氧化碳。而冰菜作为一种兼性 CAM 植物，它的 CAM 循环又存在几条适应环境的特别机制：冰菜的维管束细胞中也含有叶绿体，进一步加强了其光能利用率；有机酸代谢与糖代谢呈现相反趋势的昼夜波动；白天关闭气孔，防止叶片水分过分蒸发，夜间打开气孔，进行气体交换；肉质化程度较高的光合器官为苹果酸的累积提供场所，在含有叶绿体的细胞中也含有中央大液泡，进行一些水分和盐分的储存。

冰菜作为一种可转换 C3/CAM 控制型植物，它的光合作用既有一般植物所具有的 C3 循环，又兼顾沙漠干旱地区多肉植物所特有的 CAM 循环，并能在两种循环方式中自由转换。然而，其与专性 CAM 植物（如景天科的大多数植物）C3/CAM 的变化机制存在很大的差异，主要在于在阴天环境下，它具有兼性 CAM 途径的植物能在阴天全天持续不断地吸收二氧化碳，而这种气体交换模式是兼性 CAM 植物所特有的功能，而在晴天和阴天吸收二氧化碳的模式不同主要是由温度变化引起的；而在晴天高温环境下，苹果酸脱羧加速，脱羧速率的不同影响了它的气体间转换模式。专一性 CAM 在夜晚吸收二氧化碳的同时积累了较多的苹果酸脱羧，从而导致其在阴天气温较低的条件下也能很快地脱羧，在温度较低且没有阳光直射的阴天条件下无法全天吸收二氧化碳。因此，冰菜作为兼性 CAM 植物在阴天也能持续吸收二氧化碳的特性，后续有研究表明冰菜生长过程中对光照要求相对不严格。

第四节 生态习性

冰菜的原产地为非洲南部，近年来，冰菜作为一种具有保健功效的蔬菜新品种从日本引进到我国种植栽培。冰菜作为一种多肉类植物，具有耐寒、耐旱、耐盐碱的特点，适宜生长温度为 5℃ ~25℃，喜温暖，但忌高温高湿的环境，宜在排水顺畅、透气性好的土壤及干燥通风、光照适宜的环境下生长。冰菜如同海水一般咸，在钠的水溶液中进行水耕栽培也可以。生长周期半年左右，栽培也容易，因此在植物的耐盐性研究上被作为生物样本收集。

一、耐旱

冰菜是一种源自沙漠地区的多肉植物，具有很强的耐旱性。作为一种兼性CAM植物，冰菜可以利用C3/CAM途径为其最高效率地供给生命活动所必需的水分，同时冰菜肥厚的肉质叶片也是重要的储水器官。当冰菜处于适宜环境下生长时，会进行一般植物的C3光合作用；当冰菜在干旱环境下生长时，冰菜可以利用CAM途径进行光合作用，其耐旱性能明显优于仅能进行C3光合作用的专性C3植物。

冰菜沙石地种植

二、耐盐

冰菜以极强的耐盐性而著名，能在与海水盐浓度相似的溶液中生长，是耐盐植物中最具代表性的品种之一。当处于盐分较高的环境时，冰菜将其碳化途径从 C3 转换到 CAM，并且冰菜根部从培养液中吸收的多余盐分会被转移到冰菜的盐囊细胞内，以避免因植物体内盐分过高对正常植物生命活动的影响。同时，由于冰菜的代谢旺盛、生长周期短，一般仅需 3~6 个月即可采收，冰菜也因此成为研究耐盐植物的典型实验材料，相关学者针对冰菜的耐盐特性也做了相应的研究。荣海燕等探究了不同氯化钠浓度胁迫对冰菜出芽率、成活率、株高及鲜质量的影响，间接反映了冰菜的耐盐特性。徐微风等探究了不同浓度的盐水胁迫对冰菜形态、酶活性含量等的影响，盐胁迫下冰菜的光合作用和碳同化能力均有所下降；冰菜能够在全海水培育的环境下生存，但最适宜冰菜生长的海水浓度为 20%；当海水浓度小于 60% 时，冰菜抗逆性先增后降，但当海水浓度大于 60% 时冰菜抗逆性减弱。这说明在一定盐胁迫范围内，冰菜具有较强的抗逆性与适应盐胁迫的能力，但超过最大承受界限时便不利于冰菜的生长。

冰菜耐盐强

三、不耐热

冰菜喜冷凉环境，不耐高温，可在 –5℃ ~30℃的环境下生长。冰菜对低温环境有较强的耐受能力，但环境温度低于 –5℃时易出现冻害，而导致不同程度的枯萎。最适宜冰菜的生长温度为 25℃左右，夏季栽培时冰菜对高温敏感，当温度高于 30℃时冰菜容易出现萎蔫，茎叶上的冰晶颗粒的数量与大小均会大大减少，冰菜的品质下降。一般而言，冰菜喜光照充足的环境，但不耐阳光直射，阳光直射容易使水分过度蒸发，导致叶片枯萎。

四、不耐湿

冰菜怕湿忌涝。种植时，排水良好、疏松透气的沙质土壤有利于冰菜的生长，水分过多或排水不畅会严重影响冰菜生长，在雨水过多或者湿度较高的环境下，冰菜成活率明显降低，植株生长发育不健全。

五、不耐强光

冰菜不耐强光，强光会导致冰菜叶片变红变小甚至内卷，影响其生长及品质，因此可用遮阳网进行遮阳，减少强光照射。

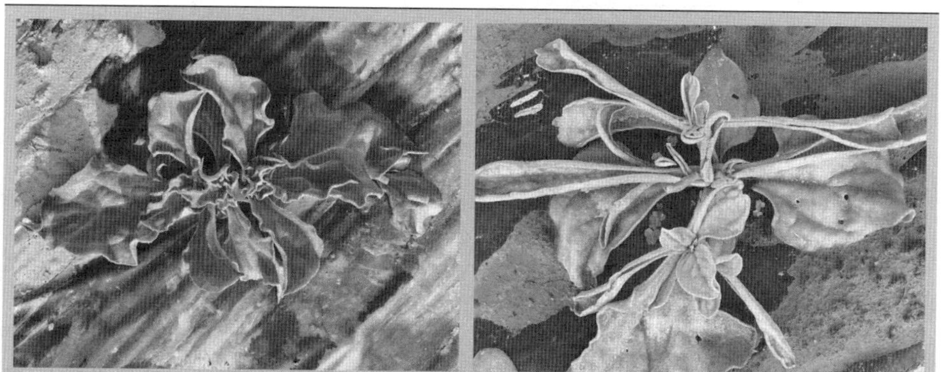

强光下导致叶片内卷

第五节　耐盐机制

一、盐胁迫对冰菜的影响

盐胁迫会抑制植物的生长发育。当土壤含盐量过高时，会严重影响冰菜的生理生化反应，造成其减产，甚至导致植株死亡。

在正常生长条件下，外界环境的渗透势大于植物根系细胞的渗透势，因而植物根系可以从外界环境中吸取水分，以维持正常生命活动的水分供应；但外界高浓度的盐分会导致水势下降，使得外界环境的渗透势小于植物根系的渗透势，这时植物根系无法吸收水分，从而引起水分的亏缺，长时间的渗透缺水会导致植物枯萎甚至死亡。当冰菜处于 0.8 mol/L 的 NaCl 溶液时，植株出现严重萎蔫，最终死亡；而在 0.2 mol/L NaCl 处理下的植株生长速度明显加快，单棵植株质量显著高于未经 NaCl 处理的幼苗。因此，低盐环境在一定程度上可以促进冰菜的生长。

盐囊细胞（epidermal bladder cells，EBC）是冰菜的特异细胞，存在于除了根以外的所有组织表面，但在不同组织其形态也各不一样。盐囊细胞是储存 NaCl 的场所，在受到盐胁迫时，冰菜的地上部分就开始将 NaCl 储存在各个部位的盐囊细胞中。盐胁迫下的盐囊细胞呈现隆状的凸起。EBC 可累积多达 1.2 mol/L 的 Na^+，在离子和水稳态方面起着非常重要的作用。因此，EBC 对冰菜的耐盐性起关键作用。

二、冰菜的耐盐机制

冰菜可能具有独特的耐盐机制，使其能在高盐的土壤中生长繁殖。因此，冰菜被作为研究耐盐的模式植物。

1. Ca^{2+} 信号转导途径

冰菜受到盐胁迫后，钙参与了促进根部 Na^+外排、抑制 K^+外流的过程，进而保持各器官中较低的 Na^+含量，钙在维持和调控离子平衡中起到重要作用。

在盐胁迫下，信号转导体系参与对耐盐相关基因表达的调控。其中，Ca^{2+}信号系统是最广泛存在的胞内信号途径之一，植物通过改变细胞内游离 Ca^{2+}的浓度来响应盐胁迫。这些钙信号与 Ca^{2+}传感器蛋白结合，通过一系列的级联转导，引起植物的应激反应，从而构成钙信号转导的调控体系。

钙依赖蛋白激酶（calcium-dependent protein kinase，CDPK）是一类 Ser/Thr 型蛋白激酶，能直接被 Ca^{2+}信号激活，参与对盐胁迫的调控。在冰菜中，*McCDPK1* 和 *CSP1* 互作形成复合体，共同调控下游靶基因对盐胁迫的应答。

2. 渗透调节机制

盐胁迫下，植物可通过累积各种渗透调节物质来维持一定的渗透势，使植物的生长、呼吸作用和光合作用等生理过程能正常进行。渗透调节物质主要有两大类：一类是有机溶质，主要包括游离的氨基酸、可溶性糖、甜菜碱类物质、多元醇和可溶性蛋白质等物质；另一类是无机离子，如 Ca^{2+}、K^+、Na^+等。渗透调节物质能够降低细胞内的水势，维持细胞内外的水势差，使细胞能在更低的外界水势条件下吸水。除此之外，这些物质还能对酶、蛋白质和生物膜起保护作用，维持光合作用等生理过程的正常进行。

冰菜中主要的有机溶质为多元醇，主要包括松醇、芒柄醇和肌醇等。多元醇含有多个羟基，亲水能力强，能有效维持细胞内水活力。*McInps1* 和 *McImt1* 是肌醇从头合成的关键基因。*McInps1* 基因编码肌醇 –1– 磷酸合成酶，该酶催化 D– 葡萄糖 –6– 磷酸合成肌醇。*McImt1* 基因编码肌醇甲基转移酶，该酶以肌醇为底物，合成一种多羟基糖醇化合物——芒柄醇，而芒柄醇在表异构酶的作用下形成松醇。*Inps1* 和 *Imt1* 受盐胁迫诱导表达，在非胁迫条件下，这 2 个基因都不表达；在盐胁迫下，这 2 个基因表达量均显著上调。*McImt1* 基因在酵母、大豆和烟草的异源表达使细胞中芒柄醇含量增加，提高了耐盐性。值得注意的是，甜土植物拟南芥中未检测到 *Inps* 和 *Imt* 基因的活性，肌醇合成的诱导是盐生植物和甜土植物之间的区别因素，甜土植物在胁迫应答下不能合成肌醇，导致耐盐性的降低。

3. 离子吸收和离子区隔化机制

盐胁迫下，植物体内离子失衡，盐离子在细胞内的大量积累会对生物膜造成损害，进一步影响细胞的正常代谢，进而严重影响植物的生长发育。Na^+是盐胁迫的主要毒害离子，高盐浓度下，Na^+与K^+竞争从而引起植物体内K^+的亏缺。因此，提高植物体内的K^+/Na^+比，对提高植物耐盐性至关重要。植物主要通过钾离子运输系统和离子区隔化来调节K^+/Na^+比。

（1）钾离子运输系统

植物通过钾离子运输系统从外界吸收K^+来提高K^+的含量，钾离子运输系统包括高亲和K^+转运载体和K^+通道。

离子通道的运输方式属于被动转运，只能从高浓度向低浓度运输。因此，当外界K^+浓度很高时，植物可通过钾离子通道来吸收K^+。冰菜 *Mkt1*、*Mkt2* 和 *Kmt1* 基因属于 Shaker K^+通道，是内流型钾离子通道。其中，*Mkt1* 和 *Mkt2* 属于 AKT 亚族，而 *Kmt1* 属于 KAT 亚族。*Mkt1* 基因是根特异表达基因，在高盐胁迫下，该基因的转录和表达均有所下调，可能的原因是高盐胁迫会抑制离子通道的活性，植物通过高亲和K^+转运载体吸收K^+。

目前，在冰菜中已报道的高亲和K^+转运载体有两种，HAK/KT/KUP/ 家族和 HKT/Trk 家族。高亲和K^+转运载体的转运过程是逆着K^+的电化学梯度进行的，需要 ATP 提供能量，是一个主动运输的过程。KUP/HAK/KT 家族是一种H^+/K^+同向转运载体，通过增加H^+泵的活性以驱动对K^+的转运，主要负责植物根部细胞对K^+的高亲和吸收。冰菜 *McHAK1* 和 *McHAK4* 基因在高盐胁迫下表达上调，提高对K^+的吸收。HKT/Trk 家族是一类Na^+特异转运体或Na^+-K^+协同转运体，对减轻盐离子的毒害起着重要作用。冰菜 *McHKT1* 基因是一个兼Na^+转运蛋白，将其转入爪蟾卵母细胞后用以盐处理，其转录水平迅速上调。

（2）离子区隔化

离子区隔化主要通过质膜上的 Na^+/H^+ 反向运输体排出 Na^+，或者通过液泡膜上的 Na^+/H^+ 反向运输体将 Na^+ 转运至液泡，降低细胞质中的 K^+/Na^+ 比，进而提高植株的耐盐性。冰菜 *McSOS1* 基因与拟南芥 *AtSOS1* 同属于SOS1亚家族，是一类质膜 Na^+/H^+ 反向运输体，SOS1 排钠离子的过程需要质膜 H^+ - ATPase 提供能量。而 *McNHX1* 和 *McNHX2* 基因则属于 NHX 亚家族，定位于液泡膜，NHX 区隔钠的过程由液泡上的 H^+ - ATPase 来提供能量。研究显示，在盐胁迫下，*McSOS1*、*McNHX1* 和 *McNHX2* 的表达均上调，而且，为其供能的 H^+—ATPase 活性也有显著提升。*McNHX1* 在酵母中的异源表达也证实了其转运钠离子的功能。

4. 水通道蛋白

植物水通道蛋白在调节细胞内水稳态方面起着重要作用。水通道蛋白属于一个跨膜通道蛋白 MIP 超家族，主要起着促进水分双向跨膜运动的作用。干旱和盐胁迫等逆境胁迫都会诱导或下调水通道蛋白的转录和表达。许多研究证明，水通道蛋白参与植物体内水分的运输。拟南芥的水通道蛋白 γ - TIP 在非洲爪蟾卵母细胞中的异源表达增加了水分的渗透率。拟南芥 *AthH2* 基因的反义表达载体明显降低了原生质体水分的渗透率。

冰菜作为一种盐生植物，在盐适应性方面十分适合作为研究水通道蛋白的模式植物。冰菜基因组中存在大量编码水通道蛋白的序列。数据显示，在冰菜已发现14个不同的水通道蛋白转录本，其中已报道的有9个类水通道蛋白基因，分别属于PIP（plasma membrance intrinsic protein，质膜内在蛋白）和TIP（tonoplast intrinsic protein，液泡膜内在蛋白）亚家族。水通道蛋白 McPIP1；4（McMipA）和 McPIP1；5（McMipB）在爪蟾卵母细胞中的异源表达，明显增强了水分的渗透率，在一定程度上促进了水分的运动。水通道蛋白受盐胁迫的调控，在盐胁迫下 MipA 的表达上调。在细胞内，水通道蛋白是可移动的，McMipA 和 McMipB 为质膜内在蛋白，但在液泡膜上也检测到其存在。这可能是由于逆境胁迫引起其功能改变。

5. 活性氧清除机制

植物在盐胁迫下体内会产生大量的活性氧，包括过氧化氢（H_2O_2）、氢氧根离子、超氧阴离子等。活性氧在体内的大量累积会对植物产生毒害作用，主要体现在对生物膜系统的破坏和生物大分子的降解。抗氧化酶是植物清除活性氧的主要机制，其中最主要的抗氧化酶包括超氧化物歧化酶（superoxide dismutase，SOD）、过氧化氢酶（catalase，CAT）、抗坏血酸过氧化物酶（ascorbate peroxidase，APX）等。研究发现，在盐胁迫下冰菜叶片中的SOD和CAT的活性均表现出上升的趋势，因此推测抗氧化酶降低了细胞的过氧化作用，提高了冰菜的耐盐性。

6. 盐囊泡

在漫长的进化过程中，盐生植物逐渐形成了多种独特的形态结构以适应环境，盐囊泡就是其中之一。存在盐囊泡这种特殊结构的盐生植物数量可达盐生植物的一半，这足以体现盐囊泡在盐生植物中的普遍性与重要性。具有盐囊泡的盐生植物在盐渍化环境中可将吸收的盐分和水分积累在盐囊泡中，当受到风雨等外界环境刺激时，盐囊泡破裂释放出大量盐分，通过这种方式，可降低植物体内的盐分含量，破碎的盐囊泡并不脱落，而是覆盖于叶的表面，叶表皮仍然完好无损。这些特点保证了植物适应盐渍环境。

植物种类不同，盐囊泡的结构也不同。总的来说，盐囊泡主要由表皮毛特化而来，是一种椭圆状、高度液泡化的细胞。囊泡细胞中央有一个很大的液泡，细胞质中则含有线粒体、叶绿体等细胞器。柄细胞有一个较大细胞核，含有很多线粒体和小液泡。柄细胞通过大量胞间连丝连接表皮细胞和囊泡细胞，表面附着厚且多层次的角质层，相连囊泡与表皮，构成了盐囊泡。冰菜的盐囊泡没有柄细胞，而是直接附着于叶或茎的表皮。盐囊泡的大小和形态会随着胁迫程度的增加而改变。非盐条件下生长的冰菜的盐囊泡体积小且扁平，附着于叶片和茎表面，而那些正处于盐胁迫的植物表面，盐囊泡膨胀成充满液体的球状，平均直径可达 1 mm，平均细胞体积约为 0.5 mm^3。和对照相比，不同浓度海水处理下的冰菜上表皮和下表皮囊泡的长轴长、单位面积数量及间距长明显变大。海水浓度增加，盐囊泡的体积变大，排列间隙变大，排列稀疏，表皮盐囊泡内含盐量随也呈逐级递增的趋势。

由于植物的抗盐性是一个由多个基因控制的复杂性状，盐囊泡在植物抵御盐害过程中发挥着重要功能。盐囊泡的主要功能是将植物体内过量的盐分储存在囊泡细胞中，降低了植物体内离子含量，提高植物耐盐性。在盐胁迫下，钠离子首先通过表皮细胞进入柄细胞，而后被装载入盐囊泡，待盐囊泡成熟破裂后直接将钠离子释放出体外，从而避免过量离子对重要代谢器官的伤害，保证植株正常的生长发育。400 mmol/L NaCl 处理下，冰菜盐囊泡中钠离子浓度可高达 1.0 mol/L。测定盐囊泡的离子组，发现 200 mmol/L NaCl 处理后囊泡内钠离子、氯离子含量大幅度升高，盐囊泡中钠离子浓度增加了 21 倍，氯离子浓度增加了 6 倍。无盐囊泡的冰菜突变体研究发现，400 mmol/L NaCl 处理两周后，野生型植株地上组织中的钠离子、氯离子含量高出突变体 1.5 倍，且野生型叶片表面盐囊泡中积累的钠离子、氯离子分别占叶片积累总量的 30% 和 25%。在高浓度 NaCl 处理下，突变体耐盐性下降，再次证明盐囊泡通过离子区域化积累冰菜体内的多余盐分，有助于提高其耐盐性。盐囊泡中钠含量浓度显著升高，而钾含量浓度保持相对稳定，说明将钠离子储存在盐囊泡中是减轻毒害的重要策略之一。盐囊泡不仅能贮存盐离子，还可以为代谢活跃的叶肉细胞储存大量水分，在冰菜盐囊泡蛋白组中鉴定出大量水通道蛋白，这为盐囊泡具有积累水分的功能提供了分子证据。为了调节胞质和液泡之间的渗透平衡，维持细胞器的正常功能，植物会在细胞质内积累一些的可溶性物质来降低细胞质内渗透势。在 200 mmol/L NaCl 处理下，冰菜盐囊泡中脯氨酸含量显著上升将近 6 倍。用海水处理冰菜，当海水浓度超过了耐受范围时，膜的通透性受到破坏，可溶性糖和膜脂过氧化显示跟海水浓度呈正相关。盐处理后，冰菜盐囊泡内还原型抗坏血酸含量下降，氧化型抗坏血酸含量上升，大量还原型抗坏血酸被消耗用来清除活性氧，这可能是维持盐囊泡细胞中活性氧平衡的重要方式。盐胁迫下，冰菜通过提高抗氧化酶活性来清除由盐胁迫产生的活性氧。对冰菜盐囊泡的代谢组分析发现，盐胁迫下，冰菜叶片中的 SOD、CAT 的活性均表现出上升的趋势，因此推测抗氧化酶降低了细胞的过氧化作用。

7. 钙离子调节蛋白

钙离子传感器蛋白主要有三类：钙调素（CaM）蛋白、钙依赖型蛋白激酶（CDPKs）和钙调磷酸酶 B 亚基蛋白（CBL）。

钙调素是一种分布最广、功能最重要的钙依赖型调节蛋白，在钙离子信号转导系统中起着关键作用。钙调素自身并没有酶活性，只有与钙离子结合活化后，进一步与其他蛋白中的短肽结合，才能诱发其结构变化，从而调控植物细胞分裂、伸长、生长、发育和抗逆等。CaM 是目前已知的胞内钙离子信号受体中最重要的一种，参与了多种生理活动的调节，如酶活性调节、细胞分裂与分化、细胞骨架与细胞运动、光合作用、激素反应、核内酶系统及基因表达等。

钙依赖型蛋白激酶是植物中独特的激酶家族，其活性不需要 CaM，是一种新型的仅仅依赖钙离子的蛋白激酶，是钙离子信号重要的初级传感器，因此全程为钙依赖的钙调素不依赖的蛋白激酶。从冰菜中分离的 *McCDPK1* 基因编码的蛋白激酶，在盐和干旱处理条件下，*McCDPK1* 的表达量迅速增加，并且蛋白质也迅速累积。

8. 其他耐盐机制

冰菜是目前研究最为全面的兼性 CAM 植物，CAM 是一种光合作用的替代途径，能有效地提高水分的利用率。在盐胁迫或干旱胁迫下，冰菜从 C3 光合作用途径转变为 CAM，从而最大限度减少水分的流失，并保证在缺水、土壤盐渍的情况下成功繁殖。对比 C3 和 C4 光合途径，CAM 将水的利用率提高了 5 倍，并增强了 CAM 植物在炎热干燥环境中的生存能力。当 CO_2 浓度升高时，一些 CAM 植物的生物量可增加 35%，而许多 C3 植物的生物量都是下降的。

通过对 CAM 相关酶活性的测定证实，在盐胁迫下，随着光合作用的转变，一系列 CAM 必需酶的活性显著增强。*McPpc1* 基因编码一个 PEP 羧化酶，该酶是 CAM 区别于 C3 光合作用的关键酶。在盐胁迫下，*McPpc1* 基因在叶片中的表达量明显增加，而 PEP 羧化酶的活性增强了 40 倍 ~50 倍。NADP– 苹果酸酶（NADP - ME）、NADP– 苹果酸脱氢酶（NADP - MDH）和丙酮酸磷酸二激酶（PPDK）也是 CAM 途径中 CO_2 固定的关键酶，这 3 个酶同样也受盐胁迫的诱导表达。在受到盐胁迫时，这 3 个酶的 cDNA 转录增强，酶活性也提高了 4~10 倍。

整个光合作用途径的转变是一个十分复杂的过程，涉及很多基因。而光合作用途径的转变是可逆的，在去除盐胁迫后，PEP 羧化酶的转录和酶活均大幅度下降。

冰菜作为植物生理学研究的模式植物兴起，对碳代谢的研究做出了显著的贡献，尤其是 CAM 途径。冰菜的基因组大小大约 393 Mb，共 9 条染色体（$2N = 18$），大约是拟南芥（大约 145 Mb）的 2.7 倍，小基因组有助于对冰菜分子遗传学的研究。盐胁迫的基础应答机制存在于所有植物中，对冰菜和拟南芥根部位的 RNA 测序结果进行分析，发现有 20% 的序列能在拟南芥中发现其同源序列，说明冰菜还有一部分特异应激途径的基因值得去挖掘。通过对冰菜这类盐生植物的研究，可以学习到在其他甜土植物中观察不到的应激反应，这有助于我们对植物耐盐机理的进一步了解。

三、冰菜盐胁迫下的转录组分析

通过对照和胁迫（400 mmol/ L）处理冰菜叶片差异基因的表达分析，共获得 123 个差异表达基因（differential expression genes，DEGs），包括 73 个上调基因，50 个下调基因；将 DEGs 单基因序列分别在 8 个数据库中进行注释，共获得 96 条基因功能注释，COG、GO、KEGG、KOG、Pfam、Swiss - Prot、eggNOG 和 NR 分别注释 19、43、23、37、76、67、86 和 92 条，以 NR 数据库注释比率最高，达 95.83%。

1. 差异表达基因的 GO 功能注释

GO 功能注释的 43 条 DEGs 共分为 3 大类，分别为生物过程、细胞组分和分子功能，又划分为 27 个功能小类，生物过程的 DEGs 以代谢过程、细胞过程和单一生物过程 3 个功能小类的数量最多；细胞组分的 DEGs 以细胞、细胞成分、细胞器和膜结构 4 个功能小类的数量最多；分子功能的 DEGs 以催化活性和结合活性 2 个功能小类的数量最多。

2. 差异表达基因的 COG 功能注释

COG 数据库注释的 19 条 DEGs 进行直系同源分类，并获得 11 个功能分类，主要集中在 E（氨基酸的转运和代谢）、G（碳水化合物转运与代谢）、Q（次生代谢产物生物合成、运输和分解代谢）和 R（一般性功能预测）。植物生长发育过程有大量基因表达，在盐胁迫下，部分涉及氨基酸、碳水化合物的转运和代谢，以及次生代谢产物生物合成、运输和分解代谢等过程，说明这些生物学过程对于冰菜生命活动特别是耐盐性的重要性。

3. 差异表达基因的 KEGG 功能注释

有 23 个 DEGs 得到注释，分别富集在 10 条代谢通路，包括植物激素信号转导（4 个）、类胡萝卜素生物合成（2 个）、半乳糖代谢（1 个）、酪氨酸代谢（1 个）、玉米素生物合成（1 个）、异喹啉生物碱生物合成（1 个）、氧化磷酸化（1 个）、α- 亚麻酸代谢（1 个）、淀粉和蔗糖代谢（1 个）和角质、次分泌和蜡生物合成（1 个）。这说明盐胁迫下冰菜叶片的各种代谢途径都发生了变化。

4. 差异基因分析

通过对盐胁迫下冰菜叶片转录组测序结果进行功能注释、功能分类及代谢途径分析表明（表 3），生长素响应蛋白、细胞分裂素合酶、棉子糖合成酶和 H^+-ATPase 基因的表达分别上调了 351.4%、500.0%、877.9% 和 459.6%，吲哚 -3- 乙酰酸酰胺合成酶、脱落酸 8′ - 羟基化酶、茉莉酮酸酯 ZIM 结构域蛋白和脱水蛋白基因的表达则分别下调了 100.0%、80.7%、85.4% 和 100.0%。可见，这些差异表达基因参与了植物激素、糖等的代谢途径，影响着冰菜的生长发育。

表 3　盐胁迫下冰菜叶片差异基因的表达丰度

ID	基因	对照	胁迫	升降（%）
c7333.graph_c0	生长素响应蛋白基因	4.16	18.78	351.4
c9555.graph_c0	细胞分裂素合酶基因	0.49	2.94	500.0
c26505.graph_c2	棉子糖合成酶基因	0.77	7.53	877.9
c22932.graph_c0	H^+ - ATPase 基因	0.47	2.63	459.6
c17335.graph_c0	吲哚 -3- 乙酰酸酰胺合成酶基因	3.00	0.00	− 100.0
c27100.graph_c2	脱落酸 8′ - 羟基化酶基因	8.02	1.55	− 80.7
c24509.graph_c0	茉莉酮酸酯 ZIM 结构域蛋白基因	20.83	3.04	− 85.4
c17958.graph_c0	脱水蛋白基因	2.67	0.00	− 100.0

植物激素几乎参与了所有的生命活动，其对盐胁迫的响应也不例外。植物中的激素没有明显的专一性，一种激素可以有多种生理效应，而多种激素又具有调节同一生理过程的作用。盐胁迫下，冰菜叶片中脱落酸 8′ - 羟基化酶、吲哚 -3- 乙酰酸酰胺合成酶和茉莉酮酸酯 ZIM 结构域蛋白基因均下调表达，而生长素响应蛋白、细胞分裂素合酶基因上调表达，均有利于合成脱落酸（ABA）、生长素（AUXIN）、茉莉酸（JA）和细胞分裂素（CTK），促进细胞分裂，加速细胞伸长生长，提高冰菜的盐胁迫耐受性。

盐胁迫下，植物通过细胞积累大量可溶性物质来提高渗透势，增强对渗透胁迫的抗性，在表达差异基因中，冰菜叶片中的棉子糖合成酶基因上调表达，有利于合成可溶性糖棉子糖，以提高细胞内的渗透势，从而提高冰菜的盐胁迫耐受性。

质膜 H^+ - ATPase 是细胞质膜上的一种重要功能蛋白，在植物的生命活动过程中起着重要作用。在转录水平上，质膜 H^+ - ATPase 参与了植物生长发育过程中的多种胁迫反应。盐胁迫对植物造成离子毒害、渗透胁迫和营养不平衡，使植物的生长发育受到抑制，这可能与盐胁迫下植物细胞的跨质膜物质转运发生改变有关。有研究表明，物质通过植物细胞的跨膜转运依赖于质膜 H^+ - ATPase 转运质子产生的驱动力。在盐胁迫下，冰菜叶片中的 H^+ - ATPase 基因上调表达，可以增强 H^+泵的质子动力势，驱动 Na^+/H^+逆向转运蛋白，提高 Na^+外排的能力，减少 K^+离子外流，维持了 K^+/Na^+平衡，从而提高冰菜的盐胁迫耐受性。脱水蛋白是在干旱胁迫下产生的最具有代表性的逆境响应蛋白，脱水蛋白基因下调表达，反映了盐胁迫下冰菜叶片自身降低脱水的生理现象。

植物耐盐性是由一系列基因相互协调而共同发挥作用来表现的。冰菜经过 400 mmol/L 盐胁迫后，在一系列基因共同作用下进行自我调节，从而正常生长发育。从分子水平上，可更详细地研究其对应的耐盐基因，为后期筛选冰菜耐盐关键基因和功能验证提供重要的分子基础，同时为改善土壤盐渍化具有重要意义。

四、外源 NO 提高冰菜耐盐性

在盐胁迫下，冰菜经 SNP 处理后，叶片 MDA 和 H_2O_2 含量的降低，说明膜脂过氧化保持较低水平。另外，脯氨酸和可溶性糖含量的升高，提高了对渗透胁迫的抗性，表明 NO 能促进冰菜渗透调节物质的合成，提高其耐盐性。

第六节 硒处理下冰菜的转录组响应

硒处理浓度的增加，能够促进冰菜生长素信号转导，激活下游基因表达。细胞分裂素信号转导途径中，AHP 对硒处理敏感，A - ARR 受硒处理呈显著上调作用，但均对硒浓度变化不敏感。硒处理浓度增加，使得赤霉素信号转导下游 TF 得到激活。脱落酸信号转导途径中，低硒处理（10 mmol/L）导致 SnRK2

蛋白表达量显著降低，抑制气孔关闭，导致冰菜易脱水；硒处理（100 mmol/L）则 SnRK2 蛋白表达量显著恢复。乙烯信号转导途径中 ETR 和 ERF1/2 表达量随着硒处理浓度的提高而降低。低硒处理（10 mmol/L）促进茉莉酸信号途径中 JAZ 和 MYC2 蛋白表达量上调，调节硒对冰菜的逆境胁迫，硒处理（100 mmol/L）对 JAZ 和 MYC2 蛋白表达量影响不显著。水杨酸信号转导途径中 TGA 和 PR－1 在低硒处理（10 mmol/L）表达量无上下调表达，硒处理（100 mmol/L）TGA 表达量下调，PR–1 表达量上调，激活冰菜硒响应能力。

第七节　低温处理下冰菜的转录组响应

利用二代高通量测序技术对低温胁迫处理的冰菜进行测序，构建冰菜转录组数据库。正向影响代谢途径：丙酮醇类生物合成、嘌呤代谢、谷胱甘肽代谢、脂肪酸代谢、类黄酮代谢、氨基酸的生物合成代谢途径等；负向影响代谢途径：植物 － 病原互作、植物激素信号转导、淀粉和蔗糖代谢等途径。通过对淀粉和蔗糖代谢途径关键基因分析表明：4℃低温胁迫 1 h，海藻糖 –6– 磷酸合酶、海藻糖 –6– 磷酸酯酶、β- 淀粉酶、葡萄糖 –1– 磷酸腺苷酰转移酶、糖原磷酸化酶等 5 个关键基因表现为上调表达，未见下调表达基因；低温胁迫 36 h，海藻糖 –6– 磷酸合酶、己糖激酶、β- 淀粉酶等 3 个关键基因上调表达，葡萄糖内酯 –1,3–β- 葡萄糖苷酶基因下调表达。

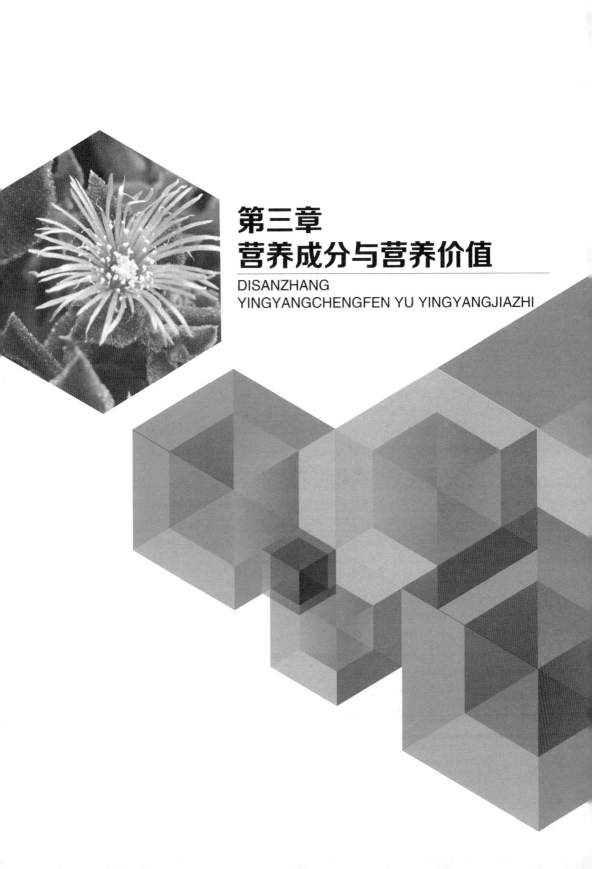

第三章 营养成分与营养价值

DISANZHANG
YINGYANGCHENGFEN YU YINGYANGJIAZHI

冰菜环境承受力很强，富含氨基酸、抗酸化物质等机能性高的物质。水晶冰菜中的酸味是天然的苹果酸味，并且富含钠、钾、胡萝卜素等矿物质，凝聚了卷心菜、白菜、莴苣等的特性之一，是高营养价值的蔬菜。新鲜水晶冰菜中水分含量 95.7%、灰分含量 1.1%、蛋白质含量 1.53%、总碳水化合物 1.7%、粗脂肪＜ 0.1%、不溶性膳食纤维 0.524%、维生素 A 6.20 μgRE /100 g、维生素 C 20.8 mg/100 g、β- 胡萝卜素 406 μg/100 g；含有钙、铁、磷、钾等 10 种微量或常量元素。同时，富含 16 种氨基酸，除色氨酸外其余 7 种人体必需氨基酸俱全，占总氨基酸含量的 37.81%，占非必需氨基酸含量的 60.80%，基本属于理想蛋白质。同普通叶菜类蔬菜相比，水晶冰菜营养成分十分丰富，具有高蛋白、高矿物质、低脂肪、低不溶性膳食纤维的营养优点，是一种宝贵的可食用资源。

第一节 营养成分

一、水晶冰菜基本营养成分及对比

水晶冰菜水分含量、灰分含量相对较高，水分含量高达 95.7%，非常适合榨汁加工。水晶冰菜不溶性膳食纤维含量、总碳水化合物含量和另外 3 种蔬菜相比含量最低。水晶冰菜的蛋白质含量相对较高，高于生菜和油麦菜，而粗脂肪含量较低，未检出。水晶冰菜是一种高蛋白、低脂肪、低不溶性膳食的特色蔬菜。

表 4 水晶冰菜主要营养成分及对比 单位：g/100g

蔬菜名称	水分	灰分	不溶性膳食纤维	粗蛋白	粗脂肪	总碳水化合物
水晶冰菜	95.70±0.03	1.12±0.01	0.52±0.00	1.53±0.01	—	1.70±0.01
油麦菜	95.60±0.14	0.41±0.01	0.59±0.01	1.40±0.01	0.41±0.01	2.15±0.07
菠菜	91.65±0.64	1.40±0.01	1.69±0.01	2.62±0.02	0.30±0.01	4.47±0.05
生菜	95.70±0.14	0.55±0.07	0.69±0.02	1.31±0.01	0.29±0.01	2.10±0.14

二、水晶冰菜维生素含量及对比

水晶冰菜和油麦菜、菠菜、生菜相比维生素 A 含量最低，维生素 C 高于油麦菜、生菜，β- 胡萝卜素含量高于油麦菜。

表 5 水晶冰菜维生素含量及对比

蔬菜名称	维生素 A（μgRE/100g）	维生素 C （mg/100g）	β - 胡萝卜素（μg/100g）
水晶冰菜	6.20 ± 0.05	20.80 ± 0.11	406 ± 4.15
油麦菜	59.17 ± 1.17	19.72 ± 0.40	360 ± 1.44
菠菜	482.50 ± 2.12	30.95 ± 1.49	2920 ± 7.50
生菜	292.50 ± 7.78	12.50 ± 0.71	1790 ± 46.00

三、水晶冰菜矿物元素含量及对比

水晶冰菜除 Se 和 P 含量低于对照的几种蔬菜外，其他 8 种元素的含量远超其他蔬菜，其中 Na 含量是（2965 ± 49.50）mg/100g，K 含量是（1825 ± 21.21）mg/100g，含量极高。水晶冰菜是非常好的矿物质来源，可以作为补充 Ca、Fe、Zn、Mg 等元素的重要食物。而冰菜中盐分属于低钠盐，低钠盐对糖尿病、高血压、高血脂患者有益。

表 6 水晶冰菜常量元素含量及对比 单位：mg/100g

蔬菜名称	钠（Na）	钾（K）	钙（Ca）	镁（Mg）	磷（P）
水晶冰菜	2 965 ± 49.50	1 825 ± 21.21	288.00 ± 4.24	137 ± 1.41	22.12 ± 0.04
油麦菜	78.88 ± 1.59	101 ± 1.41	69.56 ± 0.62	28.69 ± 0.45	30.41 ± 0.83
菠菜	84.85 ± 0.49	310.25 ± 1.06	65.62 ± 0.54	58.5 ± 0.71	46.89 ± 0.16
生菜	32.20 ± 0.85	173.00 ± 4.95	34.50 ± 0.71	18.12 ± 0.16	26.28 ± 1.02

表 7　水晶冰菜微量元素含量及对比　　单位：mg/100g

蔬菜名称	铁（Fe）	锌（Zn）	硒（Se）	锰（Mn）	铜（Cu）
水晶冰菜	17.6±1.13	33.90±2.97	0.29±0.00	1.40±0.00	0.40±0.00
油麦菜	1.25±0.07	0.44±0.01	1.54±0.01	0.15±0.01	0.08±0.01
菠菜	2.84±0.08	0.83±0.03	0.94±0.04	0.66±0.01	0.10±0.00
生菜	0.91±0.01	0.28±0.01	1.13±0.04	0.13±0.00	0.03±0.00

四、水晶冰菜氨基酸组成及含量

水晶冰菜中检测出 16 种氨基酸（色氨酸被破坏，胱氨酸未测出），氨基酸总量为（1050±15.70）mg/100 g，其中必需氨基酸（色氨酸除外）总含量为 397 mg/100 g，占总氨基酸含量的 37.81%，占非必需氨基酸总量的 60.80%，接近联合国粮农组织、世界卫生组织提出的“理想蛋白质必需氨基酸应达总量的 40%，必需氨基酸占非必需氨基酸 60%”的要求，基本属于理想蛋白。水晶冰菜中谷氨酸含量最高，达到 130 mg/100 g。谷氨酸不仅鲜味最强，也参与机体生化反应，具有促进体内蛋白合成、提高自身免疫力等多种功能。其次是天门冬氨酸（99±0.07）mg/100 g，亮氨酸（90±2.19）mg/100 g 和精氨酸（80±1.98）mg/100 g。

表 8　水晶冰菜氨基酸组成及含量

氨基酸名称	氨基酸含量（mg/100g）	氨基酸名称	氨基酸含量（mg/100g）
天门冬氨酸（Asp）	99±0.07	酪氨酸（Tyr）	32±0.85
苏氨酸（Thr）	50±0.35	苯丙氨酸（Phe）	60±0.64
丝氨酸（Ser）	50±0.00	赖氨酸（Lys）	74±0.99
谷氨酸（Glu）	130±0.71	组氨酸（His）	66±1.84
甘氨酸（Gly）	59±0.00	精氨酸（Arg）	80±1.98
丙氨酸（Ala）	78±0.14	脯氨酸（Pro）	59±3.68
缬氨酸（Val）	58±0.92	胱氨酸（Cys-cys）	—
蛋氨酸（Met）	13±0.71	EAA	397±5.52
色氨酸（Trp）	—	NEAA	653±10.18
异亮氨酸（Ile）	52±0.64	EAA 总含量（%）	37.81
亮氨酸（Leu）	90±2.19	EAA/NEAA（%）	60.80

五、红茎冰菜和绿茎冰菜主要营养成分及抗氧化活性

由于光照影响，冰菜绿色茎柄部的透明冰珠呈现红色和透明色，被称为红茎冰菜和绿茎冰菜。

1. 红茎和绿茎冰菜主要营养成分

红茎和绿茎冰菜 100 g 干样中蛋白质含量分别为 28.6 g 和 28.5 g，脂肪含量分别为 4.5 g 和 4.0 g，总膳食纤维含量分别为 29.8 g 和 22.4 g，灰分含量分别为 33.7 g 和 38.9 g，总黄酮的含量分别为 3.12 g 和 2.45 g，总酚含量分别为 1.49 g 和 1.02 g，多糖含量分别为 1.33 g 和 1.01 g，原花青素含量分别为 0.42 g 和 0.38 g，维生素 E 含量分别为 4.63 mg 和 4.78 mg，β- 胡萝卜素含量分别为 12.74 mg 和 11.53 mg，苹果酸含量分别为 36.11 mg 和 53.43 mg，肌醇含量分别为 22.72 mg 和 30.2 mg，矿物质营养成分钾含量分别为 11.1 g 和 9.93 g，钙含量分别为 0.86 g 和 0.52 g，镁含量分别为 0.6 g 和 0.32 g，钠含量分别为 3.18 g 和 7.48 g，铁含量分别为 18.4 mg 和 11.10 mg。红茎冰菜的脂肪、总膳食纤维、总黄酮、总酚、多糖、钙、镁、钾和铁含量高于绿茎冰菜，灰分、苹果酸、肌醇和钠含量低于绿茎冰菜，蛋白质、原花青素、维生素 E 和 β- 胡萝卜素含量基本相同。

表 9　红茎和绿茎冰菜干样主要营养成分

营养成分名称	红茎冰菜	绿茎冰菜
蛋白质（g/100g）	28.60	28.50
脂肪（g/100g）	4.50	4.00
总膳食纤维（g/100g）	29.80	22.40
灰分（g/100g）	33.70	38.90
总黄酮（g/100g）	3.12	2.45
总酚（g/100g）	1.49	1.02
多糖（g/100g）	1.33	1.01

续表

营养成分名称	红茎冰菜	绿茎冰菜
原花青素（g/100g）	0.42	0.38
维生素 E（mg/100g）	4.63	4.78
β- 胡萝卜素（mg/100g）	12.74	11.53
苹果酸（mg/100g）	36.11	53.43
肌醇（mg/100g）	22.72	30.20
钾（g/100g）	11.10	9.93
钙（g/100g）	0.86	0.52
镁（g/100g）	0.60	0.32
钠（g/100g）	3.18	7.48
铁（mg/100g）	18.40	11.10

2. 红茎和绿茎冰菜氨基酸营养成分

红茎和绿茎冰菜均含有 17 种氨基酸，红茎和绿茎冰菜 1000 g 干样中总氨基酸含量分别为 162368.1 mg 和 177153.6 mg，其中红茎冰菜酪氨酸含量高于绿茎冰菜 2.3 倍。

表 10　红茎和绿茎冰菜干样氨基酸含量　　单位：mg/kg

氨基酸名称	红茎冰菜	绿茎冰菜
天冬氨酸	14661.4	14087.1
谷氨酸	18501.2	17705.3
胱氨酸	1944.0	1850.3
丝氨酸	6525.3	4775.7
甘氨酸	10314.5	9898.0
组氨酸	2592.2	3278.8
精氨酸	13767.2	12344.2
苏氨酸	7898.6	5080.1

续表

氨基酸名称	红茎冰菜	绿茎冰菜
丙氨酸	10956.6	10870.1
脯氨酸	39868.8	35885.5
酪氨酸	2485.2	752.4
缬氨酸	9372.4	8497.7
蛋氨酸	360.3	311.6
异亮氨酸	7940.9	7838.4
亮氨酸	10567.1	10477.2
苯丙氨酸	8387.6	8130.5
赖氨酸	11010.3	10585.2
总氨基酸	177153.6	162368.1

3. 红茎和绿茎冰菜抗氧化活性

冰菜嫩茎叶提取液均对 DPPH· 和 ·OH 具有较强的清除能力（清除率>50%），红茎冰菜嫩茎叶提取液对 DPPH· 自由基、·OH、O_2^-· 的清除能力均高于绿茎冰菜。

表 11　红茎和绿茎冰菜抗氧化活性测定　　单位：%

样品	DPPH 自由基清除率	·OH 清除率	O_2^-· 清除率
红茎冰菜	70.9	77.6	29.5
绿茎冰菜	65.4	72.1	28.7
维生素 C	94.5	99.9	43.5

六、冰菜的化学成分

采用葡聚糖凝胶柱层析、硅胶柱层析等多种柱层析技术对冰菜乙醇提取物进行分离与纯化，共分离鉴定 9 个化合物，其结构分别为：邻苯二甲酸二丁酯（1）、ixerol B（2）、环（苯丙－缬）二肽（3）、（1S,3S）–1– 甲基 –1,2,3,4– 四氢 –β– 咔啉 –3– 羧酸（4）、（1R,3S）–1– 甲基 –1,2,3,4– 四氢 –β– 咔啉 –3– 羧酸（5）、jasmioside E（6）、尿苷（7）、维生素 B_4（8）和紫丁香苷（9）。细胞毒活性测试结果表明，以上化合物对宫颈癌细胞（Hela）、胃癌细胞（SGC–7901）、肺癌细胞（A549）、肝癌细胞（BEL－7402）和慢性髓原白血病细胞（K562）的增殖均无生长抑制活性。

第二节 营养价值

冰菜营养价值较高，不仅富含人体必需的氨基酸、苹果酸，还含有黄酮类化合物及多种矿物质，如钠、钾及胡萝卜素等，其胡萝卜素含量可达白菜的 3 倍左右，并且其抗酸物质及抗氧化物质含量也高于其他蔬菜，能够有效降低血压、血脂、血糖，促进人体细胞代谢，具有良好的保健功效，对预防肝脏与动脉硬化，以及阿尔茨海默病等疾病有一定的作用。冰菜味道清淡，口感冰爽，沁人心脾，在夏天生食有清凉解暑等作用。同时，冰菜冰晶中的咸味来自天然植物盐，对于其他对钠敏感性的高血压、心血管疾病、机体免疫机能障碍和肿瘤等疾病和并发症也有明确的疗效。在食用禁忌方面，冰菜性凉，所以胃寒人群最好少吃；另外，因为孕妇和婴儿肠胃都比较虚弱，因此不建议吃冰菜。

一、食用价值

冰菜主食部位为嫩茎叶，含有多种氨基酸、黄酮类化合物等其他蔬菜中少有的营养物质，以及富含钠、钾、胡萝卜素等矿物质，是一种高营养价值的蔬菜。冰菜表面覆有一层形似冰晶的泡状细胞，其中富含天然植物盐，对高血压、糖尿病、高血脂患者有好处；因其富含多种氨基酸，脑力劳动者及青少年多食用可以减缓脑细胞的老化速度，强化脑细胞功能。

二、药用价值

1. 黄酮

抗氧化和清除自由基的功能：生命体衰老的过程是体内产生自由基的过程。当机体产生的自由基超出清除的自由基时，超出的自由基会使组织、细胞中的各类营养物质如糖类、蛋白质、脂类等发生氧化作用，从而破坏机体健康。冰菜中的黄酮作为一种天然抗氧化剂可以有效地清除体内自由基，并抑制糖类、蛋白质、脂质的氧化作用，从而改善机体的状态，提高人体免疫功能，提高细胞核酸新陈代谢水平，延缓机体衰老。

心血管保护功能：我国患心血管疾病的人不断增多，心血管疾病已经成为影响国人健康的疾病之一，研究发现黄酮可以使心肌耗氧量减低，对心血管的保护作用显著。

增强机体免疫力的功能：冰菜中含有大量的黄酮，黄酮作为天然的植物活性成分具有机体免疫调节功能。钟飞等研究了沙棘黄酮提取物对试验小鼠免疫系统的影响，通过对小鼠连续灌胃 2 周，结果表明黄酮提取物的作用是使血清中白介素、免疫球蛋白的含量升高，提高了机体免疫功能。

抗肿瘤的功能：黄酮中一种主要有效成分是槲皮素，而槲皮素是最有效的抗肿瘤活性成分之一。实验研究表明槲皮素能够有效地遏制肿瘤细胞的生长。

抑菌功能：黄酮类化合物有良好的抑菌效果，黄酮化合物使细胞中细胞壁及细胞膜的通透性改变，细胞内外物质传递失去平衡，进而使细胞破裂从而抑制了微生物的生长。

降血糖功能：水晶冰菜总黄酮通过抑制 α－葡萄糖苷酶活性和 α－淀粉酶活性发挥不同程度的降血糖作用。

2. 有机酸

冰菜全株均含有机酸，尤其是叶片中富含大量的天然叶酸、泛酸等有机酸。

叶酸又称维生素 B_9，是一种水溶性维生素。叶酸能促进骨髓中造血干细胞幼细胞的成熟，常被用来治疗贫血症。缺乏叶酸会引起白细胞减少，孕妇补充一定量的叶酸能有效预防婴儿神经管畸形，在全世界被广泛应用。泛酸也是维生素B的复合体之一，又被称作维生素 B_5，是组成辅酶A的重要成分。其参与了体内包括糖类和脂肪在内的多种代谢活动，是大脑和神经细胞必需的营养物质，也是合成抗压力激素（类固醇）必不可少的成分之一，在医学中有着非常重要的作用。

3. *D*– 松醇

冰菜中含有 *D*– 松醇，*D*– 松醇是 *D*– 手性肌醇的一种甲基化衍生物，在自然界的来源广泛。研究发现，*D*– 松醇含有多种生理活性，例如其一方面能够刺激胰岛素分泌，降低血糖的同时促进肌酸的吸收，具有类胰岛素的功能；另一方面能够增强肝脏代谢功能，降低人体内的胆固醇含量，预防动脉硬化和脂肪肝等疾病。

4. 视黄醇

冰菜中含有视黄醇。视黄醇又称维生素A，多存在于鱼类及哺乳动物的肝脏中，蔬菜中几乎不存在。维生素A对维持视觉的正常功能有着不可或缺的作用，能有效预防夜盲症等各种眼科疾病。同时，它还能够维持人体骨骼的正常生长发育，维护人体上皮组织细胞健康，促进免疫球蛋白合成，增强人体抵抗力，预防恶性肿瘤的生长，延缓衰老等。

三、其他价值

冰菜的晶体中含有天然的碱性植物盐，对钠敏感性高血压、糖尿病、高血脂，以及免疫机能障碍等疾病都有明确的治疗作用。冰菜中含有丰富的 β– 葡聚糖、肌醇和各种矿物质，对糖尿病的治疗有很好的作用，被作为一种新兴的高营养价值的功能性蔬菜进行规模化种植。冰菜的提取物在体内和体外的免疫调节活性，证实了冰菜提取物能通过增加巨噬细胞增殖，细胞因子分泌，iNOS 表达和淋巴细胞增殖来启动先天免疫，能有效地增强免疫功能。冰菜粗提物存在抗氧化酶 SOD 和过氧化氢酶，具有清除自由基活性的功效，可将冰菜粗提物作为化妆品配方。

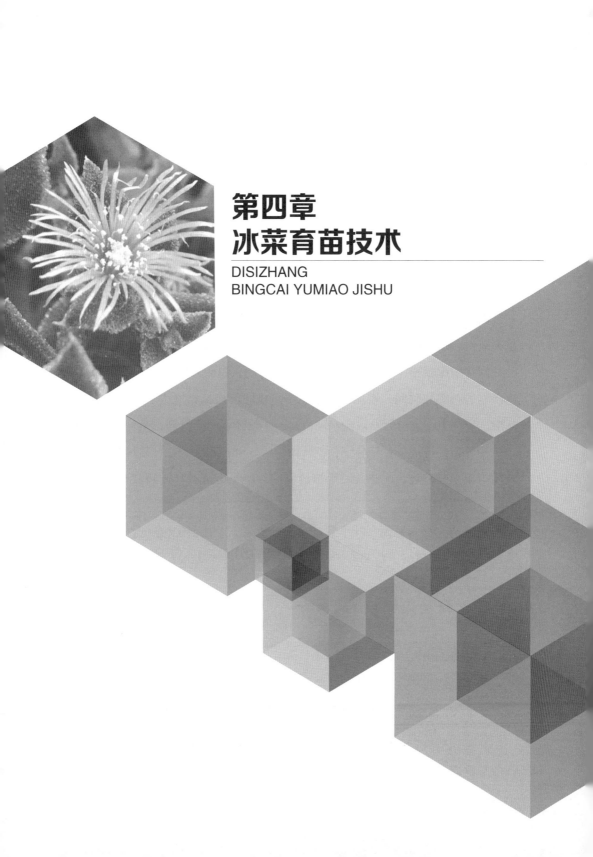

第四章 冰菜育苗技术

DISIZHANG
BINGCAI YUMIAO JISHU

第一节 育苗基本常识

一、壮苗的概念

对于生产者来说，首先应能从外表特征上区别出壮苗、徒长苗和老化苗。壮苗的共同特征是：生长健壮，高度适中；叶片较大，生长舒展，叶色正常或稍深有光泽；子叶大而肥厚，子叶和真叶都不过早脱落或变黄；根系发达，尤其是侧根多，定植时短白根密布育苗基质块的周围；幼苗生长整齐，既不徒长，也不老化；无病虫害。冰菜壮苗形态特征：苗龄在20 d~25 d时，真叶可长至2片，叶片泡状细胞较密，这时要控制温度不要太高，白天温度25℃左右，减少打开遮阳网的频率和时间，增加通风通光，防止幼苗徒长和倒伏，培养壮苗。壮苗一般抗逆性强，定植后发根快，缓苗快，生长旺盛，产量高，是理想的幼苗。

徒长苗的特征是：茎蔓细长，叶薄色淡，叶柄较长，往往是由于天气原因，致使苗床水分较足，无法及时定植造成的，徒长苗抗逆和抗病性相对较差，定植后缓苗慢，生长慢。

老化苗茎细弱发硬，叶小发黄，根少色暗。老化苗定植后返苗慢，尤其是大株老化苗，定植后返苗非常慢，嫩茎叶产量低。生产上最好不使用冰菜老化苗。

二、育苗关键技术

1. 适宜苗龄

冰菜定植的适宜生理叶龄是播种后28 d~33 d，真叶在3片~4片时。

2. 适宜播期

冰菜的适宜定植期要根据上市期、上茬作物腾茬时间和所创造温度条件允许的定植期等确定。有了适宜定植期，就可以根据需要的具体苗龄来确定育苗的适宜播种期。南方地区初秋、北方地区春秋即可开始播种育苗。

第二节 常规育苗

一、育苗基质选择及苗床预处理

选择育苗基质铺筑苗床，并用苗床处理液淋透，晾至半干备用，育苗基质为腐熟去酸处理的椰糠，苗床处理液包括以下成分：1 g~2 g 新活力、1 g~2 g 复合肥、100 mL~300 mL 海水和 700 mL~900 mL 自来水。

二、播种与育苗管理

在苗床开设浅沟，将筛选过的冰菜种子点播在浅沟中，浅沟深度为 0.4 cm~1 cm，然后在苗床上设置遮阳网形成荫棚，并每天浇水处理保持育苗基质湿润，待冰菜种子萌发露出基质后，调整荫棚内空气相对湿度为 50%~60%、温度为 20℃ ~25℃进行育苗。

三、移栽

待长出 2 片 ~4 片真叶后获得冰菜幼苗，将冰菜幼苗移栽到铺设好营养土的穴盘中，淋透水，放入荫棚管理，并保持营养土湿润。在荫棚管理中浇培养液，待幼苗长到 6 片 ~8 片叶时炼苗移出荫棚，即获得用于大田移栽的冰菜成苗。

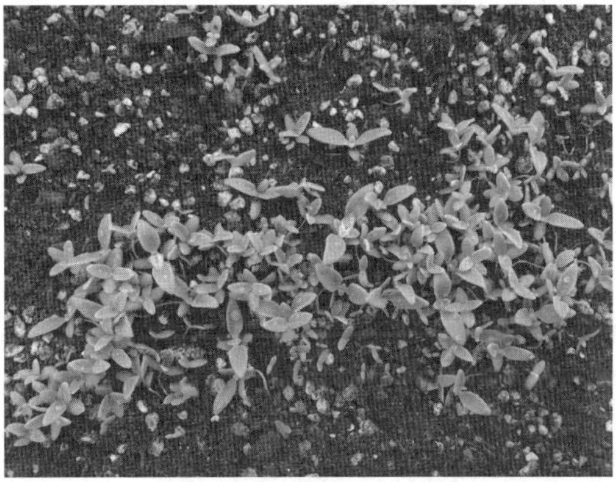

苗床育苗

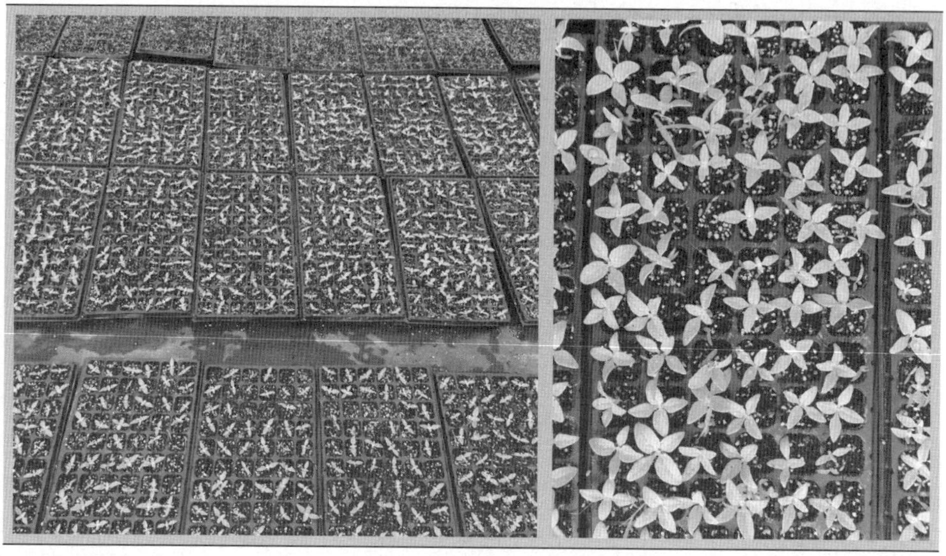

穴盘育苗

营养钵育苗

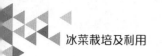

第三节 组培苗快繁技术

一、不同浓度琼脂及 NaCl 对试管苗玻璃化的影响

外植体的生长状况、培养环境条件、培养基成分等均可影响试管苗玻璃化的发生。凝胶力强度的变化受培养基中琼脂浓度的影响，其大小影响培养基水势及水分供应状况，提高培养基的琼脂浓度，有利于控制玻璃化苗的发生。适当增加培养基中琼脂浓度能够降低冰菜试管苗玻璃化的发生，添加一定浓度的 NaCl 能有效控制冰菜试管苗玻璃化的发生。冰菜作为一种聚盐性真盐生植物，一定量的盐分是促进植株生长发育的关键因素。CAD 和乙烯在胁迫条件下是细胞伸长必不可少的因素，冰菜在 500 mmol/L NaCl 环境下其真叶的 CAD 的积累与乙烯的增加呈正相关关系，培养基中适度添加 NaCl 有利于冰菜的生长。冰菜在低浓度盐溶液中能够迅速提高其体内的渗透调节物质的含量及抗氧化酶的活性，冰菜细胞悬浮培养时，一定的盐胁迫可使 PEPCase 潜在活性和苹果酸含量增加。

二、不同浓度的激素配比对冰菜不定芽分化的影响

冰菜带子叶的顶芽为外植体，其最适宜增殖的培养基为 MS + 0.5 mg/L 6-BA。非洲冰菜不定芽分化的最适培养基为添加 2.0 mg/L 6-BA + 0.1 mg/L NAA 的 MS 培养基，冰菜不定芽分化率为 97.8%，分化指数高达 9.6，且植株叶色正常，生长旺盛。

三、不同培养基及不同浓度的激素对诱导冰菜不定芽生根的影响

NAA、IAA 和 IBA 能诱导并促进根的生长，是植物组织培养中广泛应用的诱导不定根的外源激素，但添加的浓度过高会起反作用；生根培养对基本培养基的类型要求不严，但培养基若氮、磷、钾盐含量较高则会抑制根的发生，将盐浓度适当稀释或降低至更低水平有利于根的诱导与发生。接种 20 d 时，不添加任何激素的培养基上冰菜不定芽发根率较低，添加 NAA 和 IBA 的培养基上冰菜不定芽生根率较高，根生长较旺，1/2MS 培养基添加 0.3 mg/L IBA 时，生根效果最好。

第四节　扦插育苗技术

扦插繁殖是指将苗木营养器官（根、茎、叶等）的一部分作为繁殖材料，插入基质中进行营养繁殖的一种育苗方法。该繁殖方法简单、快速、节省成本。

扦插基质为珍珠岩，扦插前一天把基质浇透。清晨采集生长良好、整齐一致的植株枝条，剪成 2 芽和 2 叶、长度约 5 cm 的插穗、粗度 3 mm~4 mm 的侧枝用 50 mg/L 的 GGR 生长调节剂浸泡处理 1 h，扦插成活率达 90.56%。

冰菜基质扦插

扦插采用直插法，用塑料圆棍在扦插基质上打 2 cm~3 cm 深的小孔，将浸泡好的插穗插入孔内，稍微按实基部，然后喷少量的水。扦插后前 5 d 进行遮阴处理，早晚喷 1 次水，保证扦插苗床湿润状态。

第五节　工厂化育苗技术

一、穴盘和基质准备

采用 200 孔或 128 孔穴盘育苗。使用过的穴盘需用高锰酸钾或次氯酸钠浸泡后冲洗干净，新穴盘使用前打通穴孔底部的透水孔。基质要求：容重 0.3 g/cm^3~0.6 g/cm^3，粒径 2 mm~4 mm，液态含量 65% 左右，孔隙度 60%，持水量 160% 以上，有良好的离子交换能力和缓冲能力，pH 7.0~7.5，可溶性盐浓度（EC 值）小于 1.0 mS/cm，无病菌、虫卵、草种和其他对种苗生长有害的物质。可采用进口草炭、蛭石、园艺珍珠岩按一定比例（一般为 10 ∶ 1 ∶ 3）配制基质，每立方米基质加入枯草芽孢杆菌 200 g，搅拌均匀后用生石灰或盐酸调节 pH 和 EC 值。基质含水量以手握没有水分滴出，松开手恢复原样，再用手指碰压会散开为宜。育苗基质现配现用，放置太久会影响干湿度。基质装盘时要均匀一致，填充量要充足，装好盘后不可将穴盘叠放在一起。

二、播种

采用机器播种，应选用直径为 0.02 mm 的吸针；人工穴盘点播，可将打印纸对折，将种子倒在折痕里，让种子顺着折痕滑落，每个穴孔播 1 粒，或者直接用方盘撒播，齐苗后再移入穴盘中。采用自动流水线播种的，可先播种后浇透水；人工播种的，应先浇少量水，种子播完后移至苗床再浇透水。冰菜种子发芽需要光照，播后无需覆盖。

三、苗期管理

1. 播种至胚根萌发期

冰菜种子从播种至胚根萌发需 5 d~8 d，胚根长 0.5 cm。此期要求种子周围有大量的水分和氧气，基质保持适宜的含水量，水分过多易发生烂种，水分过少则不利于种子发芽。催芽室温度保持 22℃ ~25℃，长时间超过 30 ℃或低于 18℃均不利于种子发芽。光照强度保持 1000 lx~1500 lx，以提高冰菜种子发芽整齐度和幼苗质量。当有 50% 种子露白时，将苗盘移出催芽室，防止秧苗徒长。

2. 胚根出现至子叶展平期

胚根出现至子叶展平需 5 d~8 d，胚根长 2.2 cm~2.5 cm，子叶展平，真叶开始出现。此期保持温度 20℃ ~22℃，光照强度 10000 lx~15000 lx，夏秋季节适当遮阳，基质 pH 为 7.0~7.5，EC 值为 1.2 mS/cm~1.5 mS/cm。初期保持较高的空气相对湿度，有利于种子“脱帽”。子叶展平后，适当降低基质含水量，促进根系向下生长，防止出现高脚苗。子叶展平后可交替使用 50 mg/kg 的氮磷钾比例为 14 - 0 - 14 和 20 - 10 - 20 水溶性肥料，见干见湿，薄肥勤施。最好用 1000 目细雾喷头或自动喷淋洒水车微雾喷头浇水，每周浇水施肥 2 次 ~3 次。

3. 子叶展平至全部真叶长出期

子叶展平至全部真叶长出需 21 d~28 d，胚根长度超过 4 cm，具有 3 个 ~5 个分支，长有 2 对 ~3 对真叶。此期保持白天温度 23℃ ~27℃、夜间温度 18℃ ~ 20℃，中午光照较强时可适当覆盖遮阳网，基质 pH 7.5 左右，EC 值 2.0 mS/cm 左右。此期秧苗对水肥需求较高，应在基质完全干透以后再浇透水，直至穴盘底部有水流出；逐渐提高肥料浓度，交替使用 100 mg/kg~150 mg/kg 的氮磷钾比例为 14–0–14 和 20–10–20 水溶性肥料。

4. 移苗

冰菜种苗根系分叉前进行移苗。移苗时，用移苗器挖出种苗和基质，抖掉根系上的基质，将种苗移栽到种子未发芽的穴孔中或移入新的穴盘。大小苗分开移栽，以利于提高种苗的整齐度和商品性。

5. 炼苗

炼苗 10 d 左右，秧苗长有 3 对 ~4 对真叶。加强光照和通风管理，适当控制水肥，叶面喷施含钙、镁叶面肥，尽量不施用含有氨态氮的肥料，使叶片生长浓绿、变厚，提高幼苗抗性。

6. 病虫害防治

冰菜耐盐、耐寒、耐旱能力强，病虫害较少。常见病害主要有猝倒病和立枯病，可用霜霉威（普力克）1500 倍液或苗菌敌 3000 倍液灌根防治；虫害主要有蚜虫、粉虱等，可用 70% 吡虫啉（艾美乐）3000 倍液或噻虫嗪（阿克泰）3000 倍液喷雾防治。

第六节 种子的萌发

一、盐条件下不同植物生长调节剂对冰菜种子萌发的影响

植物生长调节剂是一类具有植物生物活性且由人工合成的，能够调节植物生长和发育的有机物质，又被称为植物外源激素，生长素、赤霉素、细胞分裂素、乙烯和水杨酸等都是植物生长调节剂。国内外有大量研究证实，使用植物生长调节剂对提高种子发芽率，调节植物的生长发育具有重要作用。一定浓度的水杨酸浸种处理后可促进种子萌发，调节酶活性，提高植物对逆境的抗性。不同条件下赤霉素处理及赤霉素单独作用下的植物种子活力均能提高，有利于萌发。外源维生素 C 处理下能够提高油葵种子在盐胁迫下的发芽率和发芽势，促进其幼苗生长的研究，并且具有提高种子抗逆性的能力。

1. 不同浓度的 NaCl 浸种对冰菜种子发芽率的影响

在 NaCl 浓度为 0 g/L 的对照清水中，冰菜发芽率为 53.3%；当 NaCl 浓度为 5 g/L 和 20 g/L 时，发芽率分别为 58.7% 和 60%，高于对照；当 NaCl 浓度为 10 g/L 时发芽率为 65.3%，此盐浓度时冰菜发芽率最高；随后在 NaCl 浓度为 30 g/L 时的最高发芽率为 44%，明显低于对照组的发芽率，且之后随着 NaCl 浓度的升高冰菜种子的萌发率呈现下降的趋势。虽然适当浓度的 NaCl 会对冰菜种子的萌发产生促进作用，但冰菜种子的萌发受 NaCl 的影响，发芽时间被推迟，第 3 d 时，对照组的发芽率最高，而用 NaCl 处理的冰菜种子萌发率均低于对照组；第 4 d时，用 NaCl 处理的冰菜种子发芽率明显上升，且增长速度大于清水处理的对照组。

2. 不同浓度的植物生长调节剂对冰菜种子发芽率的影响

（1）不同浓度的 GA_3 对冰菜种子发芽率的影响

冰菜种子的萌发率随着赤霉素浓度的增加先升高后降低，在第 11 d 赤霉素浓度为 10 mg/L 时，冰菜种子的发芽率最高为 77.3%，明显高于对照组 66.7% 的发芽率；当赤霉素浓度为 5 mg/L 时，发芽率为 57.3%，低于对照组，且差异较大；而当赤霉素浓度为 20 mg/L 时种子的发芽率为 60%，也低于对照组，且在此之后，随着赤霉素浓度的不断增加，冰菜种子的发芽率逐渐降低，同时降低趋势也逐渐明显。在盐条件下，较低浓度赤霉素对冰菜种子萌发促进作用不明显，而高浓度的赤霉素对冰菜种子萌发有抑制作用，且浓度越高，抑制作用越明显，且其抑制作用不仅体现在萌发率的降低，同时也延迟了种子的萌发时间。当赤霉素浓度为 160 mg/L 时，种子直至播种的第 4 d 才开始萌发，而对照组在第 3 d 开始发芽，且其发芽率明显低于对照组。因此，10 g/L 盐条件下添加浓度为 10 mg/L 的赤霉素有助于提高冰菜种子的发芽率，改善其萌发率。

（2）不同浓度的水杨酸对冰菜种子发芽率的影响

冰菜种子在盐条件下萌发率随着水杨酸浓度的增加先升高后降低，在第 11 d 水杨酸浓度为 20 mg/L 时，冰菜种子的发芽率为最高 73.3%，高于对照组 66.7% 的发芽率，但是其发芽率增长并不十分显著；当水杨酸浓度为 5 mg/L 和

10 mg/L 时，发芽率分别为 52% 和 60%，水杨酸浓度为 40 mg/L 时，发芽率为 44%，均低于对照组，且之后随着水杨酸浓度的增加，冰菜种子的发芽率逐渐降低，下降趋势也逐渐明显，甚至在水杨酸浓度为 160 mg/L 时，冰菜种子的萌发受到了明显的抑制，萌发率为 0。随着水杨酸浓度的增加，冰菜种子的萌发时间也被逐渐推迟，水杨酸浓度为 80 mg/L 时，种子直到第 5 d 才开始萌发，且萌发率仅有 5.3%，而对照组在第 5 d 的萌发率为 32%，所以高浓度的水杨酸明显抑制了冰菜种子的萌发。在盐条件下，较低浓度的水杨酸对冰菜种子萌发促进作用不明显，而高浓度的水杨酸对冰菜种子萌发同样有抑制作用，且浓度越高，抑制作用越明显，且其抑制作用不仅体现在萌发率的降低，同时也延迟了种子的萌发时间。但在 10 g/L 盐条件下，添加 20 mg/L 的水杨酸有助于提高冰菜种子的发芽率，改善其萌发率。

（3）不同浓度的抗坏血酸对冰菜种子发芽率的影响

在盐条件下，冰菜种子的萌发率随着抗坏血酸浓度的增加先升高后降低，在第 11 d 抗坏血酸浓度为 20 mg/L 时，冰菜种子的发芽率最高为 71.5%，高于对照组 66.7% 的发芽率，但是其发芽率增长并不十分显著；当抗坏血酸浓度为 5 mg/L、10 mg/L 和 40 mg/L 时，发芽率分别为 68%、70.7% 和 68%，均高于对照组的发芽率，但其增长并不显著，和对照组差异不大；而当抗坏血酸浓度为 80 mg/L 时，发芽率为 65.3%，低于对照组，且之后随着抗坏血酸浓度的增加，冰菜种子的发芽率逐渐降低，下降趋势也逐渐明显。在盐条件下，较高浓度的抗坏血酸对冰菜种子萌发有抑制作用，且浓度越高，抑制作用越明显，且其抑制作用不仅体现在萌发率的降低，同时也延迟了种子的萌发时间。因此，在盐条件下添加 20 mg/L 的抗坏血酸有助于提高冰菜种子的发芽率。

3. 3 种不同的植物生长调节剂对冰菜种子发芽指数的影响

发芽指数体现了种子的发芽速度和整齐度。冰菜种子的发芽指数随着赤霉素、水杨酸、抗坏血酸的浓度的增加先升高后下降。赤霉素浓度为 10 mg/L 时的发芽指数为 16.03%，达最高；水杨酸处理下的最高发芽指数为 20 mg/L 的水杨酸处理，发芽指数是 14.32%；抗坏血酸处理下的最高发芽指数为 20 mg/L 的抗坏血酸，发芽指数是 16.97%，而对照组的发芽指数为 13.47%。3 种植物生长调节剂在 10 g/L 的 NaCl 条件下的最高发芽指数均高于对照组，可见这 3 种植物生长调节剂均具有提高冰菜种子发芽速度的作用。相同浓度的赤霉素、水杨酸和抗坏血酸相比较，抗坏血酸处理下的冰菜种子的发芽指数明显高于其他 2 种植物生长调节剂，从而可以得出抗坏血酸能够更有效地提高冰菜种子在盐条件下的发芽速度。在 5 mg/L 的赤霉素下，发芽指数低于对照组，当赤霉素浓度超过 20 mg/L 时，发芽指数也低于对照组，可见在较低浓度和较高浓度的赤霉素和 10 g/L 的 NaCl 共同作用下，冰菜的萌发受到抑制。在 5 mg/L 和 10 mg/L 的水杨酸下，发芽指数低于对照组，当水杨酸浓度超过 40 mg/L 时，发芽指数也低于对照组，可见在盐条件下较低浓度和较高浓度的水杨酸都会抑制冰菜种子的萌发。而抗坏血酸浓度为 160 mg/L 时，冰菜种子的发芽指数才低于对照组，所以抗坏血酸对冰菜种子的萌发具有明显的促进作用。

综上所述，3 种植物生长调节剂在一定浓度范围内都能促进冰菜种子的发芽，而抗坏血酸处理下的发芽指数最高，所以抗坏血酸在促进冰菜种子的发芽上具有明显的作用。

二、海水盐度对冰菜种子萌发影响

盐度是海水含盐量的一个标度，是指每千克海水中溶解固体物的总克数，用 S 表示。目前已知海水中的元素有 80 种以上，对植物的生长发育产生重要的影响，但这些元素在海水中的含量是极不平衡的，其主要元素（含量在 1 mg/L 以上的）有 11 种（氯、硫、碳、溴、硼、钠、镁、钙、钾、锶、氟），它们在海水中溶解盐类中的占比超过 99%。

0~3 盐度内冰菜种子的发芽势呈现上升趋势，在盐度为 3 时，发芽势最高，为 12.96%，盐度大于 3 后种子的发芽势随盐度的增加呈现下降趋势。在 0~5 盐度内，冰菜种子的萌发率随盐度增加呈现上下波动的现象；在盐度为 5 时发芽率最高，为 34.26%；盐度大于 5 后，种子的发芽率基本随盐度的增加而呈现降低趋势。无论发芽势还是发芽率，均在低盐度范围内分布有较高的数值。

三、不同消毒方法及浓度对冰菜种子萌发与幼苗生长的影响

冰菜作为一种新型蔬菜，育种研究尚未见报道。现代育种大多进行转基因技术育种和分子标记辅助育种，而无菌苗的筛选和培育是关系到试验能否成功的关键环节，无菌苗通常是由种子获得，因此种子消毒显得尤为重要。消毒剂的选择对于组织培养过程中外植体的灭菌至关重要。不同种类的消毒剂及不同浓度消毒剂对于植物体材料存在不同的生理影响，如汞会抑制 IAA 对细胞壁的影响和幼苗生长，NaClO 会影响植物对 GA3 的反应和幼苗生长，还可能促进体细胞胚胎的发生。

挑选颗粒饱满、无瑕疵的灰褐色种子，先用清水冲洗，去除杂质，再使用 75% 酒精浸泡 15 s，之后每个处理加 2 滴吐温 –80：0.1% 升汞 10 min、3% NaClO 10 min、5% NaClO 10 min、6% NaClO 10 min、7% NaClO 10 min、10% NaClO 10 min。各处理组均使用灭菌水清洗 5 次。将各处理组灭菌种子分别接种到 MS 培养基上，置于 20℃光照下培养。

1. 不同处理对种子萌发率的影响

不同浓度 NaClO 组别的萌发率由高到低排列为 7% NaClO ＞ 6% NaClO ＞ 3% NaClO ＞ 10% NaClO ＞ 5% NaClO，且 7% NaClO 与 6% NaClO 的萌发率间的差异不明显，表明 7% NaClO 与 6% NaClO 种子萌发率效果较优。

2. 不同处理对幼苗的胚轴和胚根长度、鲜质量、干质量的影响

不同处理对幼苗的胚轴生长表现出显著性差异，6% NaClO 组的胚轴生长情况最好，5% NaClO 组的胚轴生长较差；不同处理对幼苗的胚根生长影响中，3% NaClO 组的生长较差；不同处理对幼苗的鲜质量和干质量的影响中，6% NaClO

组的鲜质量积累效果最好，而 10% NaClO 的干质量积累效果最好。

3. 不同处理对种子浸出液电导率及 α– 淀粉酶、β– 淀粉酶及蛋白酶活性的影响

种子在萌发初期，其浸出液的电导率可表明其可溶性物质的渗出情况，反映其细胞膜受损后通透性的变化。6% NaClO 组的种子浸出液电导率最低，表明其细胞膜受损情况最小；升汞组种子浸出液浓度最高，表明升汞对细胞膜的损害程度最为严重。

种子萌发过程中分解贮藏物的酶的活性对种子的萌发与幼苗的生长都具有影响。10% NaClO 组的 α– 淀粉酶活性最高；6% NaClO 组 α– 淀粉酶活性仅次于 10% NaClO 组，且 6% NaClO 组的 β – 淀粉酶活性与蛋白酶活性最高。

四、不同 NaCl 浓度胁迫对冰菜种子萌发的影响

冰菜种子用 10% 的 NaClO 溶液表面消毒 15 min，效果较好，无污染。经观察，接种第 2 d 出芽率 50%~70% 不等，第 1 周无死亡现象；第 2 周以后开始出现生长不均衡现象，个别苗生长缓慢，甚至黄化死亡，存活下来的苗生长健壮，叶片肥大，茎粗壮。

NaCl 浓度为 0.6% 时，出芽率和成活率超过对照组（NaCl 浓度为 0），达到最高，其他处理均低于对照组；NaCl 浓度为 1.2% 出芽率最低；NaCl 浓度为 0.9% 成活率与对照组持平；而 NaCl 浓度为 0.3% 成活率最低。成活下来的苗生长比较健壮。冰菜可以在 NaCl 浓度为 0~1.2% 范围内生长，但浓度超过 1.2% 时出芽率和成活率开始下降。

五、外源 $CaCl_2$ 对盐胁迫下冰菜种子萌发的影响

1. 不同 $CaCl_2$ 浓度对盐胁迫下冰菜种子发芽率的影响

在 150 mmol/L 的盐胁迫下，经较低浓度 $CaCl_2$ 溶液（≤ 10 mmol/L）处理的

冰菜种子的发芽进程及最终发芽率和对照相比均无显著差异；当外源 $CaCl_2$ 浓度高于 20 mmol/L 时，冰菜种子的萌发反而受到进一步抑制；当 $CaCl_2$ 浓度达到 40 mmol/L 时，种子的发芽率为 25%，仅为单纯盐处理的 35.71%。

2. 不同 $CaCl_2$ 浓度对盐胁迫下冰菜种子发芽指数的影响

0~10 mmol/L 外源 $CaCl_2$ 处理对盐胁迫下冰菜种子的发芽指数无显著影响，但随着 $CaCl_2$ 浓度（≥ 20 mmol/L）的增加，种子的发芽指数显著降低，当 $CaCl_2$ 浓度达到 40 mmol/L 时，发芽指数仅 3.14，为单纯盐处理的 22.6%。

3. 不同 $CaCl_2$ 浓度对盐胁迫下冰菜种子活力指数的影响

在 150 mmol/L 的盐胁迫下，当 $CaCl_2$ 浓度为 2.5 mmol/L 时，冰菜种子的活力指数与对照无明显区别；而分别加入 5 mmol/L 和 10 mmol/L 外源 $CaCl_2$ 处理的种子活力指数明显比对照高；随着外源 $CaCl_2$ 浓度的持续升高，冰菜种子的活力指数逐渐降低，当种子经 40 mmol/L $CaCl_2$ 处理时，其活力指数仅为单纯盐处理的 6.12%。

4. 不同 $CaCl_2$ 浓度对盐胁迫下冰菜幼苗生长的影响

2.5 mmol/L 外源 $CaCl_2$ 对盐胁迫下冰菜胚根和幼苗的生长没有显著影响，当外源 $CaCl_2$ 浓度为 5 mmol/L~10 mmol/L 时，显著促进了胚根和幼苗的生长；而外源 $CaCl_2$ 浓度升高至 20 mmol/L 以上时，对冰菜胚根和幼苗的生长又起到明显的抑制作用。

六、NO 对盐胁迫下冰菜种子萌发的影响

盐胁迫下，冰菜种子萌发受到了抑制，降低了种子的发芽率；低浓度 NO 供体 SNP 缓解了盐胁迫对种子萌发的抑制作用，而随着 SNP 浓度的增加，其缓解作用逐渐降低，到了一定浓度甚至起到了抑制作用。种子发芽率的整体变化情况是随 SNP 浓度的升高呈先上升后下降的趋势，但高于 NaCl 处理的发芽率。其中，在 300 μmol/L SNP 下，冰菜种子在第 7 d 的发芽率为 50.83%，明显高于

其他处理，对盐胁迫的缓解作用最大；当 SNP 的浓度增加到 800 μmol/L 时，则明显抑制了种子的萌发，发芽率仅为 28.3%。

种子发芽指数表现出与发芽率相似的变化规律，随着 SNP 浓度的升高呈先上升后下降的趋势。盐胁迫下冰菜种子的发芽指数为 8.67，明显低于 CK，而 SNP 明显提高了发芽指数。当 SNP 浓度为从 0~300 μmol/L 的时候，发芽指数逐渐升高，300 μmol/L SNP 时的发芽指数达到 17.43，明显高于其他处理，而后又逐渐降低，当 SNP 达到 800 μmol/L 时，较 300 μmol/L 降低了 16%。

活力指数整体变化规律和发芽指数相似，随着 SNP 浓度的升高呈先上升后下降的趋势。不同浓度的外源 SNP 处理下种子的活力明显高于 CK 和盐处理，相比而言，300 μmol/L SNP 处理下冰菜种子的活力指数最高。

第七节　水分及盐分对冰菜出苗影响

冰菜出苗率随着土壤盐分的提高而降低，随着土壤含水率的提高呈现先提高后下降的趋势。当土壤盐分维持在 0.03%、含水率维持在田间持水量的 60% 时最利于冰菜生长，此时冰菜出苗率达到 93.3%。

一、不同土壤盐分对冰菜出苗的影响

盐分设置 3 个水平，分别为 0.03%、0.08% 和 0.15%；土壤含水率设置 3 个水平，分别为田间持水量的 40%、60% 和 80%。保持土壤含水率一定，冰菜种子在不同土壤盐分的影响下出苗率变化差异较大。具体表现为培育过程中基本在 6 d~7 d 内开始出苗，在 12 d~13 d 内出苗完整。随着培育时间的延长，土壤盐分为 0.03% 出苗率最高，0.08% 次之，0.15% 最小。土壤含水率为田间持水量的 40% 时，13 d 时不同盐分下出苗率分别为 66.7%、43.3% 和 0；土壤含水率为田间持水量的 60% 时，13 d 时不同盐分下出苗率分别为 93.3%、73.3% 和 10.0%；土壤含水率为田间持水量的 80% 时，13 d 时不同盐分下出苗率分别为

76.7%、66.7% 和 3.3%。在土壤含盐量为 0.15% 时冰菜出苗率基本为 0，说明土壤盐分过高会影响冰菜的出苗率，不利于冰菜生长。

二、不同土壤含水率对冰菜出苗的影响

保持土壤盐分一定，冰菜种子在不同土壤含水率的影响下出苗率变化差异同样较大。具体表现为随着培育时间的延长，土壤含水率为田间持水量的 60% 时出苗最高，为田间持水量的 80% 时次之，为田间持水量的 40% 时最低。土壤盐分为 0.03% 时，13 d 时不同土壤含水率下出苗率分别为 66.7%、93.3% 和 76.6%；土壤盐分为 0.08% 时，13 d 时不同土壤含水率下出苗率分别为 43.3%、73.3% 和 66.7%; 土壤盐分为 0.15% 时, 13 d 时不同土壤含水率下出苗率分别为 0、10.0% 和 3.3%。说明土壤含水率对冰菜出苗有一定的影响。

三、不同土壤含水率及土壤盐分对冰菜出苗的影响

当保持土壤含水率不变时，冰菜出苗率随着土壤盐分增加而降低，盐分含量接近 0.15% 时，严重影响冰菜出苗；当保持土壤盐分不变时，冰菜出苗率随着土壤含水率增加呈现出先提高后降低的趋势，在土壤水分维持在田间持水量的 60% 左右时，冰菜出苗率较高。整体上看，当土壤盐分为 0.03%，土壤含水率维持在田间持水量的 60% 左右时，冰菜出苗率高达 93.3%，此时非常适合冰菜生长。

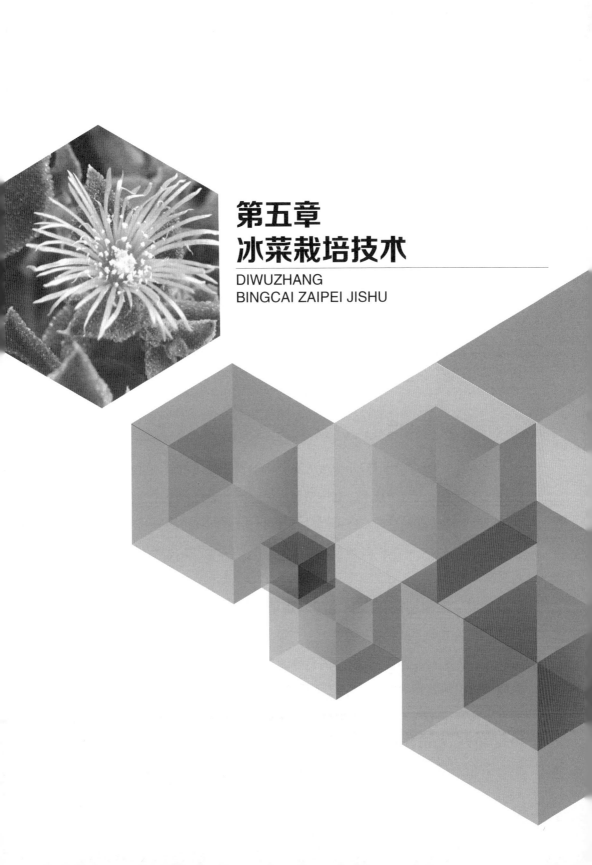

第五章
冰菜栽培技术

DIWUZHANG
BINGCAI ZAIPEI JISHU

第一节 栽培模式

水晶冰菜属于新型蔬菜，因此其栽培方法多样。土耕栽培或者水耕栽培都能生长，由于栽培方法和时间不同，食物的味道也会发生变化。

一、有机栽培

选用无污染地块，施用生物有机肥，禁止施用化学合成肥料、农药，采用防虫网、频振式杀虫灯、棚内悬挂粘虫板、喷施生物农药等农业、物理、生物措施防治病虫草害，进行有机栽培，提高产品质量，适应产品出口和供应国内高端市场需求，增加产品价值。

二、设施栽培

因各地温度、光照、降水等气候条件的制约及周年市场需求，我国各地积极探讨冰菜的设施栽培技术，利用塑料大棚、日光温室和小拱棚等对冰菜进行栽培。其技术要点是对棚室内温湿气光等进行有效调控，同时利用营养液为其提供水分、养分、氧气的有别于传统土壤栽培形式进行水培的技术也应用到冰菜设施栽培中。

1. 温室大棚越冬高效栽培技术定植前准备

一般选用冬暖式温室大棚，大棚要求透光性好、保温性强，能有效抵御大风天气。棚内选取土层疏松、排灌良好的沙质土壤为宜，待前茬作物收获后，立即深耕土地并耙细整平，用硫黄粉闷棚熏蒸消毒一次。整地时备足基肥，每亩施腐熟有机肥 2000 kg~3000 kg、氮磷钾三元复合肥（N–P–K 为 15–15–15）50 kg~60 kg，过磷酸钙 40 kg~50 kg。将上述基肥的 2/3 撒施后深翻土壤 20 cm~30 cm，使土肥混匀，后将余下的 1/3 施于定植行内。冰菜棚室栽培多采用深沟高畦多行种植，畦宽 0.8 m~1.2 m，畦高 25 cm~30 cm，沟宽 30 cm。

2. 播种育苗

一般 9 月下旬在温室大棚内播种冰菜，其播种育苗有 2 种方式。一是采用种子直播。每亩取冰菜种量 6 g 左右，宜在地温稳定在 15℃以上时进行，播前 1 d 在畦上浇足水，按 15 cm × 15 cm 的株行距挖穴播种，每穴播 4 粒 ~6 粒种子，覆薄土 1 cm。二是采用穴盘育苗。将育苗盘盛满基质，每穴播 2 粒 ~3 粒种子，盖 1 cm 薄土层，浇水保湿。育苗温度以 20℃左右为宜，秋天播种栽培时，较高的地温会导致种子发芽率降低，应注意保持棚室内通风。播种后，一般 7 d~9 d 出苗。出苗期光照以弱光为宜，后期可给予充足光照，温度应控制在 15℃ ~25℃，水分控制应把握“见干才浇，浇则浇透”的原则。

3. 田间管理

（1）苗期管理

苗期管理根据播种育苗方式不同而有差别。直播育苗在出苗后要及时间苗，做到早间苗、迟定苗。间苗一般在 4 片 ~5 片真叶时进行，选留根部粗壮的幼苗。6 片 ~8 片真叶时进行定苗，每穴留苗 2 株。穴盘育苗在播种后 20 d~40 d，一般长出第 4 片至第 6 片真叶时，按株行距 10 cm × 10 cm 挖穴进行移栽定植。定植过程中应小心谨慎，确保不伤到叶子。定植后，浇定植水缓苗，4 d~7 d 后植株可正常生长。

（2）水肥管理

一般定植后 10 d 内不用浇水，后期应在叶片略显萎蔫时才补充水分，以浇透为宜。适度地控制水分，有利于冰菜茎、叶部位结晶体的形成，提高商品性。栽培期间切忌水分过大，以免形成的结晶颗粒少。冰菜移栽 2 周左右，依照植株长势，追施 1 次氮肥，每亩施尿素 15 kg~20 kg，追肥后应及时浇水以利于根系吸收，提高肥效。栽培后期不需要补充肥料，仅依靠底肥就能满足生长需要。

（3）温度和光照管理

由于强冷空气的侵袭，应适时扣好大棚塑料薄膜，防止叶片受霜。白天适温 20℃ ~25℃，超过 28℃时应及时通风降温除湿，棚内空气相对湿度为 60%~75%，夜间适温为 15℃ ~18℃为宜，低于 0℃生长严重受阻。进入 12 月夜间温度降到 0℃以下，应加盖草帘增强保温；阴天或遭雨雪天气，草帘要做到晚揭早盖，以保证冰菜安全过冬。冰菜具有一定的耐寒性，只要保持棚内温度不低于 5℃，冰菜即可继续生长。此外，冰菜喜光照，在整个栽培期间要保证正常的光照。

（4）盐分管理

冰菜适合在盐碱地和返碱后的大棚内栽培。当土壤表面比较干燥时要进行灌溉，并及时为植株补充盐分。通常每月补充一次食盐水，第 1 次灌根食盐水浓度为 200 mmol/L，后期逐渐将浓度增加至 400 mmol/L。若冰菜的咸味比较淡，可适当增加食盐水的灌溉次数。

4. 病虫害防治

苗期可通过合理密植、通风透光防止猝倒病的发生；移栽期棚室内要加强通风除湿，降低真菌性和细菌性病害的发生。同时，对蚜虫、白粉虱和金龟子等虫害以物理防治为最佳，通过搭建防虫网，悬挂黄、蓝粘虫板等方式除虫。虫害过重时考虑药剂防治，蚜虫防治采用 7.5% 鱼藤酮乳油 1000~1500 倍液防治，7 d~10 d 喷雾 1 次，连续喷 2 次 ~3 次。

5. 产品采收与贮藏

冰菜播种后约 2 个月即可进入产品的收获期，其主要食用部分是带结晶状颗粒的嫩茎和叶片，待整株长到高 15 cm~20 cm 时即可进行采收。最好选择清晨气温低时进行采收，以 5：00~7：00 为最佳。此时选取生长密集，长度 15 cm 以上的侧枝，自茎尖向下 7 cm~9 cm 处用剪刀将侧枝径向剪断，同时保留侧枝第 1 节处的一对功能叶，促使次级侧枝萌发。采收时要避免损伤植株或破坏采收枝条的结晶状颗粒，以确保冰菜的品质。冰菜可分批收获，15 d~20 d 收获一批，每季收获 3 批 ~4 批，越冬冰菜在 11 月底可收获至翌年 3 月初结束。一般 0~5℃冷藏条件下可保存 5 d~7 d。

冰菜大棚种植

三、冰菜椰糠无土栽培技术

1. 播种育苗

选用成品蔬菜育苗基质和长方形托盘进行育苗，托盘规格为 54.0 cm × 27.5 cm × 6.0 cm。托盘底部垫 2 层废旧报纸，将基质平铺于托盘内，厚度 4.5 cm~5.0 cm，浇透水；将种子与干的蛭石混匀，然后均匀撒施于托盘内，按照 1 g/m^2 的标准进行播种；播种后，覆盖基质与蛭石 1 ∶ 1 的混合物，覆盖厚度在 0.5 cm 左右，并用喷雾器浇透水。育苗期间用喷雾器喷施浇水。播种后 10 d 左右，待苗抽生 2 片真叶后进行假植，假植选用 50 孔穴盘。冰菜叶片易受损、折断，移苗时应先将基质土用竹棍划松，再用镊子轻轻夹起冰菜苗放入穴盘内，移栽好的苗进行喷雾式浇水。

2. 定植前准备

（1）温室消毒

定植前 5 d~7 d，取硫黄 30 kg/hm^2 置于砖上，在室内均匀散放 120 处 $/hm^2$~150 处 $/hm^2$，傍晚密封大棚，点燃硫黄熏蒸消毒。次日开始放顶风直到定植。

（2）安装滴灌系统

椰糠持水量约为自身重量的 8 倍，水分、养分吸收快，需要安装自动化滴灌系统进行灌溉。每株植株安装一个滴箭，选用以色列耐特菲姆公司 2.4 L/h 的滴箭，此滴箭不易堵塞。定植前，检查滴箭滴水情况。

（3）椰糠条处理

选用规格 100 cm × 15 cm × 10 cm 的 GALUKU 成品椰糠条，将椰糠条平放于栽培架上，文字向上，椰糠条之间稍留缝隙。制作专用模具，用小刀在椰糠条上沿模具均匀划 4 个 5 cm × 5 cm 的正方形定植孔，两侧底部各划 3 个排水孔；将滴箭插入正方形定植孔中，开启滴灌系统，用清水进行滴灌，直到椰糠条充分膨胀，有些许水从底部排出后停止清水灌溉；再用日本园试通用配方的 1/2 剂量营养液对椰糠条进行滴灌，当底部排出的营养液与滴灌营养液的 EC 值相同时停止滴灌，完成栽培袋准备工作。

3. 定植

当冰菜苗长至 5 片 ~6 片叶时进行定植，定植深度为 4.0 cm~4.5 cm。幼苗移植时注意轻拿轻放，保护好生长点。

4. 田间管理

（1）光照管理

冰菜喜光也耐阴，对光照要求不严格，在 3000 lx~14000 lx 光照条件下均能生长。若光照条件过强，会导致边缘易老化，影响商品质量。

（2）温度管理

冰菜耐寒不耐高温，在 5 ℃ ~30 ℃范围内均可生长，最适宜温度为 15℃ ~25℃；可耐短时 0℃以上低温；30℃以上生长不良，易引起簇状生长或枯萎。冬季大棚悬挂二道膜，以提高室温。

（3）水肥管理

冰菜忌高湿，水分管理应掌握“见干见湿、浇则浇透”的原则。结合滴灌每月用 200 mmol/L 的 NaCl 溶液灌溉，可以促进冰菜植株生长，增加冰晶颗粒，提高商品性。适度控制水分也有利于冰菜茎叶部位的结晶体形成，提高商品性。

（4）营养液配方

营养液配方选用日本园试通用配方，配方为四水硝酸钙 945 mg/L、硝酸钾 809 mg/L、磷酸二氢铵 153 mg/L、七水硫酸镁 493 mg/L、EDTA 铁钠盐 20 mg/L~40 mg/L、硫酸亚铁 15 mg/L、硼酸 2.86 mg/L、硼砂 4.5 mg/L、硫酸锰 2.13 mg/L、硫酸铜 0.05 mg/L、硫酸锌 0.22 mg/L、钼酸铵 0.02 mg/L。营养液 EC 值为 1.5 mS/cm~2.0 mS/cm，pH 5.6~6.2，生长前期 EC 值设为 1.5 mS/cm，生长旺期 EC 值升高至 2.0 mS/cm。

5. 病虫害防治

冰菜病虫害极少，温室栽培偶尔发生蚜虫和白粉虱，可利用黄板进行诱杀，一般悬挂黄板 300 张 /hm^2~375 张 /hm^2，悬挂高度为高于植株生长点 20 cm~25 cm。

6. 采收与运输

冰菜播种后 65 d~70 d 进入采收期，采收选择早晨进行，这样冰菜的含水量高、口感好。当侧枝长至 10 cm~15 cm 时可进行采收，从茎尖向下约 8 cm 剪断，下面的腋芽保留，以便发生更多的侧枝，提高产量。冰菜采收后需要进行预冷，在 5℃条件下保鲜期可持续 7 d。高温运输时，需要采用冰袋加锡箔纸加泡沫箱进行包装运输，运输过程中不能碰撞和挤压。

四、冰菜无土栽培技术

1. 生产设备概况

植物工厂是通过智能计算机及电子传感器，把种植设施联网，高精度地调控植物生长环境，包括温度、湿度、光照、二氧化碳、营养液浓度等，实现农作物全年生产的先进农业设施系统。主要设备有多层立体架 2.0 m × 4.5 m 的 PVC 栽培槽、泡沫定植板、水肥一体化系统、LED 人工光源系统和温湿度调控系统。栽培方式采用浅液流。

2. 育苗技术

（1）消毒

为了阻止病菌侵染，育苗盘及水培箱每次使用前必须进行消毒处理，可选用 10%~15% 次氯酸钠溶液或 0.1% 高锰酸钾溶液浸泡 6 h~8 h 后，用清水冲洗干净。

（2）浸种催芽

由于冰菜种子较小，浸种后不方便播种，所以先将海绵用清水彻底浸透，让海绵彻底吸附水分，然后在海绵上均匀播撒冰菜种子。播撒密度切勿过大，防止移栽时伤根而导致苗成活率降低。播撒种子时，可以将种子放在纸上，轻轻抖动纸张使种子均匀地落到海绵上，浸种时进行遮光处理。然后将海绵放入育苗盘里，在育苗盘中装入清水，育苗盘里的水分要将海绵浸透的同时水位线浸没海绵一半高度，经过 1 d~2 d 苗开始露白。注意此阶段要采用干净清水，不适用营养液，播种前对冰菜种子进行喷雾消毒。

（3）播种

为确保冰菜能正常生长，播种后第2 d开始育苗，挑选露白早、长得较高的苗。由于刚长出的根比较脆弱，容易损伤，所以要轻轻夹住芽的小叶片与茎之间，不能夹冰菜的根，将露白一端朝下，将夹起的种子轻轻埋入潮湿的海绵中，但是要注意种子不要埋得过深，防止种子子叶无法突破海绵。由于部分种子发芽较慢，可在第3 d进行第2次育苗。播种完成后，将温度调至25℃~28℃。

3. 苗期管理

冰菜苗期室内温度控制在20℃~25℃，将苗移到海绵中第5 d左右，将育苗盘内的水分排空，换成营养液。此时用的营养液需要加入营养液总量30%的清水稀释。营养液浓度为1.2 mS/cm，温度小于23℃，pH 5.7~7.5，每隔1 h循环10 min，采用迈信物联LED灯光照，光照循环时间为12 h。

苗期生长过程中，保持海绵湿润，同时留足够的空间让根生长。随着根的生长，水位也跟着下降，约5 d后，苗长出2片真叶，根接近育苗盘网部时换营养液。倒掉清水，使海绵干燥不吸水，加入营养液浓度达到1.3 mS/cm左右，营养液深度与根齐平即可，确保根可以吸收水分的同时海绵上层保持干燥。随着根的生长，营养液深度以不碰到海绵为准，同时观察幼苗长势和根系是否足够健壮，统计发芽情况、长势等。每天观察储液桶、种植槽水位、水泵、灯光是否正常，检测营养液的pH和EC值，并控制在规定范围内。

4. 定植

育苗后10 d~15 d，植株长到4叶1心时是定植适期。把冰菜苗移栽到多层立体架上，定植时切忌伤根，取苗时一只手轻提根茎，另一只手轻掰开海绵，分开冰菜植株后，用清水浸泡根系约20 min，换水清洗3次，清洗干净表面附着的营养液，再用0.1%的高锰酸钾溶液进行消毒，然后用清水清洗后进行定植。冰菜定植时温度控制在25℃左右，EC值浓度为1.5 mS/cm。定植时营养液水为调节定植棉浸入水中0.5 cm左右，水位过低容易导致海绵吸水不足，使根系吸水困难，造成根系活力弱，使植株生长受到抑制。而水位过高会淹没冰菜茎基部，造成烂根和长期缺氧等现象。定植株距为 16 cm × 20 cm。

5. 定植后管理

环境条件是影响冰菜品质的关键因素，因此在冰菜生长过程中要严格调控环境条件。冰菜不耐高温，超过 30℃不利于冰菜生长，会出现茎叶老化、叶片皱缩等现象，生长温度应控制在 18℃ ~23℃。冰菜耐旱能力较强，但是水培条件下要控制好水分，尤其是采收期应控制水分，水分过多会导致咸味变淡，不利于茎、叶部位结晶体的形成，降低冰菜的商品性和口感。待植株新根露出并进行伸长时，可缓慢下调水位至距离海绵 0.5 cm~2.0 cm 处，以利于根系下扎伸长和侧根的发生，从而形成茂密的根系。

冰菜定植后，营养液每月定期更换 1 次 ~2 次，使营养液养分含量保持一致。为使冰菜长出“冰花”，每周适时通过管道系统在营养液中加 1 次浓度为 1%~2% 的盐水。初始营养液浓度为 1.5 mS/cm，中期为 1.7 mS/cm，后期为 2.0 mS/cm。营养液温度小于 25℃，pH5.7~7.5，每隔 1 h 循环 10 min，采用 LED 灯光照，光照循环时间为 12 h，注意要及时通风换气。

冰菜病虫害发生较少，主要病害是猝倒病，要及时进行观察。如果在同一育苗盘中发现多个坏死、腐烂的冰菜，要及时更换营养液，防止扩散。

表 12　冰菜水培营养液配制方法　　单位：g/L

序号	种类	浓度	注意事项
1	四水硝酸钙	1.2237	①首先使用少量去离子水将各种化合物分别溶解，再分批混入去离子水中，最后用去离子水定容到所需营养液量。②营养液混匀后，呈现清澈无沉淀状态方可使用。③使用稀盐酸调解营养液 pH
2	硝酸钾	0.51798	
3	EDTA - 铁	0.00896	
4	EDTA - 锰	0.008	
5	硫酸铵	0.04212	
6	磷酸二氢铵	0.13496	
7	磷酸二氢钾	0.06278	
8	七水硫酸镁	0.5043	
9	四水硼酸钠	0.00146	
10	EDTA - 锌	0.00241	
11	EDTA - 铜	0.00103	

6. 采收与运输管理

冰菜要及时采收，以免嫩枝下部纤维老化影响口感和品质。冰菜宜在上午或傍晚温度较低时采收。提前将要采收的架子的水排干，如果采收整个架子，则将水循环关掉。如果只采收部分层，在一代上将采收层的出水口关闭。采收时要轻拿轻放，嫩梢和嫩叶需分别收获包装。一手将蔬菜轻轻拿住，一手持剪刀从蔬菜与种植棉间剪断，以采收侧枝为主，可多次采收。采收枝条的第 1 节位留 1 对功能叶，从第 2 节位开始剪 8 cm 左右幼嫩茎叶，留下腋芽，以保证后续次级侧枝萌发。同时，摘除基部无效老叶、残叶，适当疏除过密侧枝。采收后要及时补充营养，更换营养液，以确保植株生长，保证产量和口感。

将采收的冰菜进行包装，放至 1℃ ~9℃冷库存放。冰菜对运输条件要求较高，运输途中不能有任何碰撞和挤压。若长途运输需低温保鲜，以保持产品鲜脆。

无土栽培育苗

水培移栽

冰菜水培

五、冰菜深液流法水培技术

1. 水培设施的要求

大棚或温室均可栽培，夏季要有遮阳网、风机湿帘、内循环风机等设施，冬季有保温设施。采用深液流法水培，栽培设施由营养液池（罐）、栽培槽、供液管道、排液管道和水泵系统五部分组成。

（1）营养液池

营养液池用于储存营养液，一般用砖和水泥砌成水池（罐）置于地下。每亩水培面积需要 5 t~7 t 水。营养液池施工时必须加入防渗材料，并于内壁涂上防水材料。池的一角放水泵处做一个 20 cm^2 的凹形小水池，使水泵维持一定水量，且便于营养液池的清洗。

（2）栽培槽

槽体由聚苯材料制成，长 120 cm、宽 96 cm、高 17 cm。槽里铺一层厚 0.15 mm、宽 1.45 m 的黑膜，防渗漏，保护槽体。定植培板用于固定根部，还可防尘、挡光、抑制藻类生长，保持槽内营养液温度的稳定。定植培板长 100 cm、宽 89 cm、厚 3 cm，板上排列直径 3 cm 的定植孔，孔距 2 cm。

（3）供排液装置及营养液循环

水培设施的营养液由水泵从营养液池抽出，经加液主管、加液支管进入栽培槽，被作物根部吸收。高出排液口的营养液，经排液口通过排液管流回到营养液池，完成一次循环。

2. 播种育苗

（1）育苗前准备

准备育苗盘：育苗盘长 33.6 cm、宽 27.2 cm、高 4.7 cm，上层是栅栏的双层平底塑料盘。

海绵块的选择：采用 3 cm 厚、密度 0.015 g/cm^3~0.020 g/cm^3 的疏松海绵育苗。

先把海绵裁成略小于苗盘的单块，再裁成 3 cm × 3 cm 的小块，为便于在苗盘中码平，小块之间应稍有连接，不裁断。将海绵用清水浸透，挤去水分，保持湿润即可，然后平铺于苗盘中备用。

播种：将种子直接播在海绵块表面，播种深度为 0.1 cm 左右。每块小海绵播 4 粒，即 4 个角各播 1 粒。播种后把海绵放在无水的育苗盘内，冬、春季覆盖塑料薄膜，夏、秋季覆盖双层湿纱布保湿，温度控制在 20℃左右。如温度、湿度条件适宜，5 d~7 d 后即可齐苗。齐苗后向海绵块浇少量水，保持表面湿润。

（2）苗期管理

播种后 10 d 左右，真叶开始显露时间苗，每个海绵块上只留两株苗。然后将苗盘中的清水倒掉，加入适量 50% 浓度的营养液。20 d 后幼苗具有 4 片真叶时即可移栽。

3. 定植管理

（1）营养液配方

大量元素：硫酸铵 237 mg/L、硫酸镁 537 mg/L、硝酸钙 1260 mg/L、硫酸 250 mg/L、磷酸二氢钾 350 mg/L。

微量元素：硼酸 2.86 mg/L、硫酸锰 2.13 mg/L、硫酸锌 0.22 mg/L、钼酸氨 0.02 mg/L、硫酸铜 0.08 mg/L、乙二胺四乙酸二钠 – 铁 25 mg/L。

（2）定植

89 cm 宽的定植板栽植 4 行，株行距均为 27 cm。把育好苗的海绵块放在定植杯里或把苗连同海绵块放到定植孔内即可。每亩栽 3500 株。

4. 栽培管理

（1）环境调控

冬、春季节白天温度控制在 20℃ ~30℃，夜间 15℃ ~18℃。高温季节注意遮阳、降温。营养液温度 15℃ ~23℃。溶解氧控制在 6 mg/L~8 mg/L，空气相对湿度 70%~90%，二氧化碳浓度为 800 mg/m^3~1000 mg/m^3，光照强度控制在 3000 lx~15000 lx。

（2）营养液供给

将配好的营养液用水泵输送到栽培槽。调好定时器，白天每隔 50 min 供液一次，每次供液 10 min。要经常测试回液的 pH 和 EC 值，并及时调整 pH 为 5.5~6.5，EC 值 1.5 mS/cm~2.0 mS/cm。夏季高温蒸发量大，必须要对营养液的养分进行检测和补充。定期加入适量的清水，使 EC 值回到正常值。

5. 采收

冰菜定植 25 d~30 d 后，基部侧枝 20 cm 长时即可采收。先采收植株下部的大叶片，然后再采收侧枝。采收时要轻拿轻放，整齐地将嫩枝和叶片码放在包装盒或塑料筐内。采收完成后，及时预冷，延长供货期。

六、冰菜阳台栽培技术

阳台种菜是现代家庭园艺生活的一部分。冰菜作为一种新型稀缺特色营养保健蔬菜，具有较高的营养价值和经济价值。阳台栽培，既可满足食用，又可观赏，还可美化室内环境。

1. 播前准备

（1）阳台朝向及准备栽培器具

冰菜喜通风、阳光充足的环境，尽量选择无遮挡的朝南阳台。阳台栽培器具多选用深度在 20 cm 以上的长方形陶制、木制、泡沫、塑料等器具。育苗的器具可以使用已准备的栽培器具，也可使用现成的穴盘或平盘。

（2）营养土的配制

园土的选择：选择葱、蒜类蔬菜或豆类蔬菜的沙质园田土，打碎过筛备用。

有机肥的选择：以市售优质有机肥或充分发酵腐熟的优质农家肥，使用前消毒、碾碎、过筛备用。

营养土的配制：取上述消毒过筛的园田土、有机肥按 2 ∶ 3 的比例混合，暴晒，同时在每立方米的混合粪土中加入尿素 50 g、磷酸二铵 80 g、草木灰 8 kg、故磺钠（根腐灵）100 g，混合均匀后装入栽培器具中备用；或取上述消毒过筛的园田土、有机肥、泥炭（或草炭）、蛭石按 4 ∶ 4 ∶ 1 ∶ 1 的比例混合，每立方米加入 500 g 复合肥料、根腐灵 100 g，混合均匀后装入栽培器具中备用。

（3）营养土分装及育苗、栽培器具摆放

由于阳台多为水泥或瓷砖地面，温度变化大，可在地面上铺设木板、砖块或泡沫板等防寒隔热层，在其之上放置装入营养土的育苗、栽培器具，使其架空，准备播种或移栽。

2. 播种育苗

播种前，先用 20℃ ~30℃的温水浸种 2 h~4 h。冰菜喜冷凉，忌高温，一般在室温 15℃以上即可播种，但以不高于 25℃为宜。冰菜种子极细小，一般采取育苗移栽。育苗可使用穴盘点播或平盘撒播两种，播种前 1 d 将育苗营养土装入穴盘或平盘，浇透水，待水沥干后穴播，每穴播种 2 粒 ~3 粒种子，平盘按 7 cm~8 cm 的株、行距点播 3 粒 ~4 粒种子，播后覆盖 0.3 cm~0.5 cm 厚的营养土，期间保温、保湿，6 d~8 d 后陆续出苗，12 d 左右出苗结束。

3. 育苗期管理

出苗后，温度需控制在 15℃ ~25℃范围内，最好保持在 20℃左右。低温季节栽培，采用地膜覆盖等增温措施，提高温度。若高温季节栽培，采用通风、遮阳等降温措施，保证育苗环境的温度适宜。出苗期光照以弱光为宜，后期逐步加强光照，以防止徒长。冰菜耐干旱，忌湿涝，因此水分管理应掌握“见干浇水，浇则浇透”的原则。后期应给予充足光照，以防止徒长。出苗后，及时拔掉弱小及过密的幼苗，原则上穴盘播种的每穴留壮苗 1 株或平盘播种的以株、行距 7 cm~8 cm 留壮苗 1 株，生长 25 d~40 d，具有 4 片 ~5 片真叶的幼苗即可进行移栽定植。

4. 移栽定植

移栽前 1 d，将营养（栽培）土浇透水，一般按株、行距 20 cm × 20 cm 或 20 cm × 25 cm 进行移栽，忌栽植过密。定植后浇足定根水。

5. 移栽后管理

（1）温、光管理

移栽后将温度控制在 15℃ ~30℃范围内。如遇温度低于 15℃的情况应搭建微拱棚，适当提高温度；若温度高于 30℃，可采取适当通风、遮阳等措施进行降温，来满足冰菜生长的适宜环境温度。冰菜喜光照，在整个生长期间要求光照充足，尽量多见光。

（2）水肥管理

移栽后同样注意控水，因水分会影响商品性和适口性。适度控制水分，利于形成冰晶颗粒，提高商品性。水分过量，冰晶颗粒减少，咸味淡，口感差，因此掌握在叶片略显萎蔫时及时补充水分，以浇透为宜。一般生长期不进行叶面喷肥，但生长势弱的可结合喷水，每平方米叶面喷施木醋液（原液 2 mL 兑水 300 mL）或 2% 的叶菜叶面专用肥（肥料中应含有 N、P、K 及微量元素）300 mL，每隔 7 d~10 d 喷施 1 次。冰菜喜光照，在整个栽培期间，只要保证正常的环境温度，应尽量让植株多见光。

（3）浇灌食盐水

冰菜耐盐性很高，是一类盐碱植物，可在海岸处生长。为提升口感，在移栽后，及时为植株补充适量盐分，每隔 25 d~30 d 浇灌浓度 0.2% 的食盐水，后期浓度逐渐增加至 0.4%，若下茬不种植冰菜，收获前一个月一定停止浇灌盐水。

6. 病虫害防治

冰菜阳台栽培时，病虫害极少发生，仅偶有蚜虫为害，可使用自制辣椒汁进行防治。

7. 采收

冰菜分枝力强，播种后约 60 d、侧枝长 10 cm~15 cm 时，用剪刀径向剪切侧枝。剪切的枝条需留 1 对功能叶，保证后续次级侧枝萌发。采后及时食用或冷藏保鲜。

冰菜阳台栽培

七、日光温室樱桃番茄套种冰菜栽培技术

日光温室生产是解决高寒地区冬季蔬菜供应的重要渠道，在我国北方各地具有一定规模，已成为当地农民增加收入的一项重要途径，目前樱桃番茄已逐渐发展成为日光温室种植的一个重要品种。但由于冬季 12 月中旬至翌年 1 月下旬温度低、湿度大、病害重，种植樱桃番茄越冬困难，常在 12 月中旬拉秧，在 2 月底重新种植黄瓜、叶菜等蔬菜，导致冬季约 50 d 的空闲期不能生产，降低了日光温室蔬菜生产效益。冰菜适应性、抗病抗虫能力较强，除偶尔有蛞蝓为害外，基本不需要打农药，也便于套种。兰州市农业科技研究推广中心对日光温室樱桃番茄套种冰菜进行了试验，结果表明，樱桃番茄产量 22230 kg/hm^2，总收入 44.46 万元；冰菜产量 25275 kg/hm^2，净收入达到 13.94 万元，增加日光温室收入 31.4%。有效解决了严寒时期日光温室资源浪费，具有较高的推广价值。

1. 茬口安排

樱桃番茄为秋冬茬，7月育苗，8月定植，11月下旬开始采收，12月拉秧。冰菜9月下旬育苗，10月上旬定植，4条主枝上产生5个以上侧芽时开始采摘嫩芽。

2. 冰菜栽培

（1）育苗

采用催芽基质育苗。将种子放入常温水中12 h后清洗2~3遍即可催芽。用湿纱布将冰菜种子捞起放入盆中，再覆盖1层湿纱布，放于20℃ ~25℃环境下催芽，约36 h后有个别种子露白时即可播种。因其种子细小，大部分发芽会造成互相缠绕不利播种，故不可采用其他蔬菜种子70%以上露白播种的方式。播时注意基质要湿，播后撒约1 mm蛭石粉，基质配比和消毒方式与樱桃番茄育苗基质相同。每穴播2粒~3粒，便于出苗，播后盖地膜，架起遮阳网，以利降温保墒。

（2）苗期管理

播种2 d后即可顶土出苗，发现零星出苗时及时撤去地膜，出苗后控制温度20℃ ~25℃为宜。浇水掌握不干不浇，表皮有20%发白时浇水。冰菜初始苗子细小，易冲倒枯死，宜从苗盘底部补充水分，即将苗盘放入2 cm~3 cm的浅水池中2 min即可。无水池时须用细水旁浇，避免冲苗。冲倒的苗可轻垫土支起，仍可正常生长。小苗4叶1心时可间苗。冰菜种子较贵，间出的苗应马上栽入其他穴盘，转入正常管理，可用于后续补苗。

（3）定植

樱桃番茄第1穗果开花时，将冰菜定植在樱桃番茄垄面两行中间，在4株樱桃番茄中间定植冰菜苗1株，便于冰菜开枝散叶。冰菜从定植到采收约40 d，此时番茄第1穗果已成熟，可将底叶打掉，将第1穗果及时采收，有利于番茄本身通风透气和冰菜采光。

（4）定植后管理

冰菜日常管理较为简单，生长温度范围较宽，水分要求也不严格。前期按樱桃番茄生长水肥管理即可，樱桃番茄拉秧后可保持相对低温 5℃ ~25℃，以10℃ ~20℃为宜，此温度下冰菜红尖出现较少，咸味适中无酸味，品质较好。

（5）病虫害防治

冰菜病虫害很少，仅在初期会有蛞蝓为害，可使用 6% 四聚乙醛颗粒剂均匀适量撒施于受害植株周围地表防治。撒后注意不要踩踏和浇水，以达到最佳防治效果。

（6）采收

冰菜为采摘嫩叶型，4 条主枝上不断产生侧枝，可连续采收 100 d 以上。为保证产量，不宜采摘过早，可在 4 条主枝上产生 5 个以上侧芽时采摘嫩芽。要按掐长留短、掐主留侧的原则采摘，以便侧枝不断生长。采收的嫩枝长度不超过 10 cm，采收后轻轻叠置于包装箱或包装盒中上市销售。

八、冰菜岩棉栽培技术

冰菜采用岩棉栽培，病虫害少、省时省力、节水节肥，且冰菜生长整齐、产量高、品质高，经济效益高。生产中注意营养液 pH、EC 值管理，废液的处理等。

1. 岩棉栽培床设置

岩棉栽培，建议选用玻璃温室栽培。根据实际情况沿东西向安装栽培架，南北向每 4 m 跨度设置 3 条栽培架，长度根据实际情况而定，一般长 9 m~10 m、高 50 cm，上方安装栽培床，宽度 33 cm，行距 100 cm。栽培床上放上泡沫板，左右两侧设有挡板，泡沫板中部有一条凹槽，凹槽中设有回流孔。栽培床设置 1 ∶ 100 的坡比，一边高一边低，最低处和每个回流孔通过回流管连接到废液排管。栽培支架采用方管焊接而成。泡沫板上放置 Grodan 公司生产的标准规格（1000 mm × 200 mm × 75 mm）岩棉条，岩棉条外包裹黑白双面聚乙烯塑料薄膜，在薄膜上按栽培密度等距离划出栽培预留孔，用来嵌入岩棉块（10 cm × 10 cm × 7 cm）。如果是新岩棉在使用之前需用含硝酸的酸性清水浸泡冲洗，调节 pH 至 5.5~6.5。安装栽培架之前，为防治地面杂草，需先打除草剂，并铺设黑色地布，待安装完成后，再铺上 5 cm 厚的碎石片，保证地面清洁干燥。

2. 供液和排液系统

营养液流动过程为：储液池—水泵—过滤器—供液主管—供液支管—细管—滴箭—岩棉—栽培槽—废液排液管—废液集液池。冰菜栽培采用滴灌系统供液，并配有废液收集系统，主要由储液池、水泵、过滤器、供液管道、废液回收管道、废液池组成。

（1）储液池

在玻璃温室内建造 1 个可储液 5 m^3 的营养液池，池壁以砖为基础，外加钢筋混凝土腰箍加强结构，并对底部四周进行防渗水建设；建设时，预埋进水管、出水管等。其上盖水泥预制板顶盖，再在其上覆盖地布避光，避免滋生藻类。顶盖上放置营养液母液桶。为防止杂物入池，建造时，池口要高于地平面 10 cm~20 cm。池内设置水位标记，池底设置废液、杂质收集穴。池边安装水泵抽水，可选电压 380 V、功率 1.5 kW、扬程 10 m 为主要参数的耐酸水泵。水泵通过一个开关控制箱控制，安全简化供液操作。主管从水泵出水处设置抽水供液管道，排水管道，回流管道（用以抽水回流搅拌）。新建的储液池由于水泥、石灰偏碱性，需先用稀硝酸浸泡调整 pH 并清洗。

（2）供液管道

供液管道最前端安装 1 个或并联 2 个过滤器，过滤器前后都需设压力表。在管道不同位置安装水阀控制供液、排水、搅拌等操作。供液管道的主管通过过滤器后，通过支管通向温室内各栽培区，然后再通过 2 级管道通向各个种植行，种植行的支管再接软质 PE 黑管并沿着栽培架底部安装，滴管一端通过嵌入方式安装在软管上，另一端的滴箭插入岩棉的定植孔上固定。支管都安装在垂直种植行方向的栽培架一头，埋入地下 10 cm，在每行栽培架头通过三通伸出 1 个硬质支管高出地面 20 cm，连接软质 PE 黑管，黑管用铁丝固定在栽培架底部，并在其头尾安装阀门。

（3）排液系统

在营养液供应过程中，岩棉条下会有一部分的废液流出，这部分废液含有一定的营养物质，若直接排放到农田或水塘中，既造成浪费又污染环境，因此要统一回收到废液池中。这些废液可以用来浇灌其他温室里土壤栽培的蔬菜和花卉。废液池可设置于玻璃温室内，防渗水设计，砖混结构，体积 1.5 m^3~2.0 m^3，池底设置废液收集孔，池口覆盖水泥盖板。由于废液是通过重力作用进行回流，所以管道需按 1 ： 150 的坡比安装，在玻璃温室纵向栽培床最低处地下埋设营养液废液排液总管，在排液总管上为每排栽培床设置 1 个变径三通，接上栽培架下的废液回流收集管，收集管与泡沫板上的回流孔相连接，用胶水固定，做到密封不漏水。

3. 栽培管理

（1）播种

冰菜耐寒怕热，生长周期 3~6 个月。浙江一带 6 月 ~8 月温度较高，不适宜冰菜生长，因此宜在 8 月下旬至 10 月中旬播种，12 月至翌年 4 月采收。冰菜种子细小，直播不利于发芽和管理，宜分 2 次育苗移栽。播种前在温室内筑苗床，育苗盘内装 2 cm~4 cm 育苗基质，浇足水。将种子与适量基质拌匀后撒播，播后再覆盖 1 层基质，以刚好盖住种子为宜，播种量为 1 g/m^2。

（2）育苗

播种后 1~2 周，抽生 1 张 ~2 张真叶后第一次移栽，将育苗托盘里的幼苗移栽到 72 孔育苗穴盘中（这个规格穴盘每个穴孔的大小与岩棉块上移植孔大小比较适合）。移栽时避免损伤根系。移栽后覆盖遮阳网遮阴 2 d~3 d，苗期不宜经常浇水，保持见干见湿，否则易诱发猝倒病。

（3）定植

第 1 次移栽 20 d 后，秧苗抽生 4 对 ~5 对真叶时定植到岩棉块上。定植前先用 EC 值 1.2 mS/cm，pH5.5 的营养液浸泡岩棉块 24 h，然后将岩棉块放置于开好孔的岩棉条上。每株幼苗的岩棉上插 1 个滴箭，以插入 2/3 深度为宜。冰菜生长后期冠幅较大，为不影响其侧枝发育，控制其定植密度，每个岩棉条（1000 mm × 200 mm × 75 mm）上定植 3 株。

（4）营养液的配制

营养液采用改进的适合叶菜类的园试配方。为了便于操作，将营养液配制成浓缩的母液储存，待到需要时，按比例稀释再进行营养液的供液。为防止高浓度母液中 Ca^{2+}和 PO_4^{3-}发生沉淀，将母液分成 A、B 两桶进行配制和存储。根据配方比例 A 液中配制 EDTA－NaFe 和 $Ca(NO_3)_2$ 的混合母液，B 液中放入 KNO_3、$NH_4H_2PO_4$ 等配方中其他的水溶肥，充分搅拌溶解，避光封闭备用。当需要施用营养液时，计算出配制一定体积工作液时各种母液的应加入量；先在水池中加入相当于终体积 50% 的水量，然后加入 A 母液，搅拌直至 A 母液扩散均匀后，再加入 B 母液，此时水量为终体积的 90%，加水定容至终体积。用 pH 试纸检测营养液的酸碱度，并用硝酸调节酸碱度至适宜值，再测定 EC 值。如果 EC 值偏大，逐步加水稀释至适宜值，若偏低则继续分别添加母液至适宜值。

（5）营养液的施用

由于冰菜耐盐碱性较强，对营养液的 EC 值和 pH 不是很敏感，EC 值可以控制在 1.5 mS/cm~2.5 mS/cm，pH 控制在 5.5~7.5 即可。冰菜的根系较弱，不耐涝，在定植前先用营养液润湿岩棉，在定植后一周内不需浇水，之后营养液每天供应一次，每次 5 min 即可。苗期适当降低营养液浓度，EC 值控制在 1.5 mS/cm~2.0 mS/cm；当冰菜分枝旺盛，EC 值调高到 2.5 mS/cm；冠幅长到 50 cm 后，根据岩棉内水分含量适当增加营养液的供应频率。

（6）生长管理

冰菜耐寒、不耐高温、不耐涝，温度高于 30℃时，采用遮阳网遮阴，风扇通风，降温除湿。越冬栽培时，夜间密闭玻璃温室，室内温度不低于 –5℃即可。岩棉栽培病虫害较少，偶发蚜虫、烟粉虱等，可在岩棉架边设置黄色粘板诱杀成虫，粘板高度与冰菜持平。

（7）采收

冰菜定植后 40 d~50 d 进入采收期，一般在早晨或傍晚气温较低时采摘。当侧枝长到 10 cm 左右时，选取生长比较密集的侧枝，从茎尖向下约 8 cm 剪断，并及时用塑料膜包装预冷，放入冰袋或冷柜中保存，延长供货期。冰菜分枝能力强，可连续多次采摘，每株产量可达 1.0 kg~2.0 kg。

营养液每天供应一次，但采收期宜在营养液中加入 NaCl，促进冰菜盐囊冰晶形成，提高口感和食用价值。注意加入 NaCl 后 EC 值会升高，不应超过 3.0 mS/cm。

九、大棚黄瓜间作冰菜的栽培技术

1. 茬口安排

冰菜于 2 月上旬播种育苗，育苗期为 40 d~45 d，3 月中旬定植，6 月中下旬停止采收；黄瓜于 2 月下旬播种育苗，育苗期为 20 d~25 d，3 月中旬定植，6 月底或 7 月上旬拉秧。

2. 播种育苗

将冰菜种子播于装好基质的 50 孔或 72 孔育苗盘中，每穴播种 2~3 粒，播种深度为 0.2 cm~0.5 cm，浸盘后撒薄层蛭石；黄瓜种子催芽后播种于育苗盘中，每穴 1 粒，播种量为每亩 95 g~110 g；播种后将育苗盘置于温室中地热线苗床上。

3. 播种育苗管理

出苗前全天温度为 25℃ ~28℃，保持基质水分含量为 80%~90%；出苗后白天温度为 22℃ ~28℃，晚上温度为 15℃ ~18℃，保持基质水分含量为 60%~70%；黄瓜幼苗 2 片 ~3 片真叶、冰菜幼苗 4 片 ~5 片真叶时，即可定植。

4. 定植前准备

大棚内土地翻地施基肥后作宽 1.5 m 的畦，畦的朝向与大棚走向垂直，然后用异丙威和百菌清进行熏棚；其中，中等肥力的土壤，每亩施用腐熟农家肥 1000 kg~1500 kg 和 N－P－K 平衡型复合肥 40 kg~50 kg；15% 异丙威和 45% 百菌清的用量分别为每亩 250 g 和 200 g。

5. 定植

棚内深度 10 cm 处地温于 12℃以上，且天气预报为连续 3 个以上晴天时，将黄瓜和冰菜同时定植。黄瓜株行距为 30 cm × 80 cm，种植密度为每亩 2500 株 ~2700 株；在黄瓜行间定植 2 行冰菜，距离黄瓜行的距离为 25 cm，冰菜株行距为 30 cm × 30 cm，定植密度为每亩 2500 株 ~2700 株。

6. 黄瓜与冰菜共生期管理

白天棚内温度在 30℃及以上时，及时通风；晚间温度在 15℃及以上时，昼夜通风；空气相对湿度控制在 60%~80%。黄瓜株高 30 cm~40 cm 时，用吊蔓夹吊蔓；根瓜坐住前，控水蹲苗；根瓜坐住后，结合浇水追肥 1 次，随水冲施 N－P－K 平衡型水溶肥每亩 3 kg~4 kg；结瓜盛期隔 1 水追 1 次肥，每亩施用高钾型水溶肥 4 kg~5 kg。

7. 采收

黄瓜于结果盛期每天采收 1 次。冰菜初期采收的嫩枝要求长 10 cm，脆嫩多汁未纤维化的为合格商品。冰菜处于生长盛期时，每 15 d 采收一次。

十、冰菜气雾栽培技术

1. 育苗床育苗

将冰菜直接撒播在温室育苗床珍珠岩基质内，用气雾喷淋，保持珍珠岩湿度，最终获得冰菜苗。

2. 移栽

冰菜苗 4 片 ~5 片叶子时，将冰菜苗移栽到温室内气雾栽培定植桶。向气雾栽培定植桶内间歇喷雾气雾营养液。根据阳光可以旋转气雾栽培定植桶，保持阳光匀好，促进冰菜生长。营养液配方（以每吨水的加入量计）：硝酸钙 945 g/t，硝酸钾 809 g/t，磷酸二氢铵 153 g/t，硫酸镁 493 g/t，硼酸 2.86 g/t，硫酸锰 2.13 g/t，硫酸锌 0.22 g/t，硫酸铜 0.08 g/t，钼酸铵 0.02 g/t，螯合铁 20 g/t~40 g/t。

3. 收割

用剪刀径向扩散，从侧枝收获冰菜。收割后冰菜根保留在定植桶上，继续循环生长冰菜。

十一、西瓜—冰菜高效栽培模式

耐盐西瓜—冰菜栽培模式是利用西瓜和冰菜的耐盐性，通过春季西瓜—秋冬季冰菜栽培，降低盐碱地盐度，提高盐碱地复种指数，提高盐碱地产出，增加收益，对可持续农业、生态农业和高效农业均有示范和引导作用，对农业增效、农民增收具有重要意义。

西瓜春季栽培于 1 月上旬育苗，2 月中旬定植，5 月中旬开始采收，7 月中旬采收完毕；7 月中旬至 8 月中旬高温闷棚 30 d，揭棚洗盐 15 d；冰菜秋季栽培于 8 月下旬育苗，9 月下旬定植，11 月上旬开始采收，一直持续到翌年 1 月中旬。

耐盐西瓜—冰菜高效栽培模式一年两季种植多批采收，按照 2021 年的市场价格计算，盐地西瓜春季采收 2 批，售价 6.0 元 /kg，每公顷产量 43500 kg，产值 26.1 万元；冰菜秋季开始采收，持续多批，售价 8.0 元 /kg，每公顷产量 45000 kg，产值约 36.0 万元。合计每公顷产值 62.1 万元，经济效益可观。

十二、冰菜盆栽模式

1. 播种育苗

将育苗基质铺筑苗床，并开设浅沟，将筛选过的冰菜种子点播在浅沟中，然后在冰菜种子上覆盖一层椰土，厚度为 3 mm~5 mm，并在苗床上设置遮阳网形成荫棚，每天浇水处理保持育苗基质湿润，调整荫棚内空气相对湿度为 50%~60%、温度为 25℃ ~30℃，待出幼苗以后撤掉遮阳网，当长出 3 片 ~4 片真叶后即可进行移栽。

2. 移栽

移栽之前先进行调土装盆，将有机基质装盆，盆深不少于 12 cm，装填所述有机基质的高度低于盆沿 2 cm~3 cm。移栽的时候冰菜定植株距 25 cm，行距 30 cm，移栽后淋透水，并使用滴灌系统保持有机基质湿润，然后等待其缓苗。

3. 采收

定植后 30 d 左右，冰菜植株长到 10 cm~15 cm 高，结晶都出来的时候，茎部分枝旺盛，且分枝茎长度达到 10 cm 左右就可以采收。采收时保留粗壮的茎秆，只需要采摘两侧的细嫩分枝，第一次采收后大约 10 d 可进行再次采收，冰菜属于多次性采收蔬菜。

4. 育苗基质

以椰砖为主的营养土，营养土与椰砖的比例为 1 ：（1~3）。有机基质由以下重量份数原料制作而成：薇甘菊 20 份 ~30 份，竹纤维 20 份 ~30 份，腐熟去酸处理的椰糠 20 份 ~30 份，中药渣 12 份 ~20 份、腐叶 10 份 ~15 份、蚯蚓土 30 份 ~45 份、牲畜粪便 5 份 ~10 份，有益微生物菌群 1 份 ~6 份、海泡石颗粒 10 份 ~20 份、钾矿粉 3 份 ~8 份和水 50 份 ~70 份。其中，中药渣由薄荷 3 份 ~5 份、牡蛎壳粉 10 份 ~15 份、苦参 1 份 ~3 份、生姜粉 1 份 ~2 份组成；腐叶由中国

冰菜盆栽模式

梧桐叶、烟叶、柳叶和桃叶的至少一种组成发酵而成；滴灌系统使用的灌溉水为海水与淡水混合，混合后 EC 值为 10 dS/m~30 dS/m。

十三、冰菜工厂化栽培

1. 播种催芽期

无需光照，时间 3 d~4 d，温度控制在 20℃ ~25℃，空气相对湿度 90%~100%，冰菜种子放在海绵内，清水催芽至 80%~90% 种子发芽。

2. 幼苗期

时间 10 d~12 d，温度控制在 23℃，空气相对湿度 70%~80%，红蓝光比例是 6.5 ：1，灯具与冰菜之间的距离是 5 cm~8 cm。这一阶段叶片数由 1 片生长到 4 片 ~5 片。

3. 缓根期

时间 4 d~5 d，温度控制在 23℃，空气相对湿度 50%~70%，红蓝光比例是 6 ：1，缓根期蓝光在红蓝光中的比例大于幼苗期蓝光在红蓝光中的比例，灯具与冰菜之间的距离是 8 cm~12.5 cm。在这一阶段，叶片生长较为缓慢，叶片数由 4 片 ~5 片生长到 6 片 ~7 片。此阶段控水控湿，能够促进侧芽生长，并促进根系发育，为后期快速生长与大量养分和水分的吸收创造条件。

4. 基叶生长期

时间是 10 d~12 d，温度控制在 23℃ ~25℃，空气相对湿度 50%~70%，红蓝光比例是 5.5 ∶ 1，基叶生长期蓝光在红蓝光中的比例大于缓根期蓝光在红蓝光中的比例，灯具与冰菜之间的距离是 12.5 cm~23.5 cm。在这一阶段，叶片数量增多并不断扩大，从 7 片增加到 12 片左右。

5. 分枝缓慢期

时间是 6 d~8 d，温度控制在 23℃ ~25℃，空气相对湿度 60%~70%，红蓝光比例是 5 ∶ 1，分枝缓慢期蓝光在红蓝光中的比例大于基叶生长期蓝光在红蓝光中的比例，灯具与冰菜之间的距离是 23.5 cm~30 cm。在这一时期，开始有分枝出现，分枝数 6 枝 ~8 枝，数量不多，主要是为后期旺盛的分枝打下基础。

6. 分枝旺盛期

时间是 14 d~18 d，温度控制在 23℃ ~25℃，空气相对湿度 50%~70%，红蓝光比例是 5 ∶ 1，分枝旺盛期蓝光在红蓝光中的比例大于基叶生长期蓝光在红蓝光中的比例，灯具与冰菜之间的距离是 30 cm~41 cm。在这一阶段，不断长出新叶和嫩枝，分枝数超过 8 枝，分枝旺盛，株高和株幅也不断增大，为旺盛的分枝创造条件。

7. 采收期

时间是 1 d~2 d，温度控制在 20℃ ~25℃，空气相对湿度 60%~80%，红蓝光比例是 6 ∶ 1，采收期蓝光在红蓝光中的比例小于分枝旺盛期蓝光在红蓝光中的比例，灯具与冰菜之间的距离是 41 cm~44 cm。

冰菜工厂化栽培模式

第二节　栽培管理

一、品种选择

市场上的冰菜品种多样，有的叶片肥厚，前期分枝少，种植时宜选择叶片小且分枝多的品种，例如美国冰菜品种。

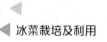

美国冰菜品种

印度冰菜品种

日本冰菜品种

二、栽培前准备

1. 备肥

根据土壤肥力测定及目标产量备肥，实行配方施肥。

2. 备膜

露地栽培可选择覆盖地膜，以免浇水时泥水溅脏冰菜茎叶，可选用 1 m × 0.008 mm 的地膜，一般备地膜 40.5 kg/hm^2~45.0 kg/hm^2。

3. 地块选择

生产基地的选择具体参照 NY/T391—2000 的有关规定。产地要远离主要交通线及城市居民聚集区和可能造成有害气体排放的化工厂，生产区与主要交通线之间不少于 100 m 间距，与工矿企业之间不少于 2000 m 间距。土壤是作物生长发育的场所，产地的土壤要有良好化学和物理性状，即重金属、氯化物、氰化物等有害有毒物质残留量在规定指标以下，中性反应、土层深厚、有机质和养分含量高、结构良好等。灌溉水质量好，避免使用未经无害化处理的城镇生活污水和工业废水，农田灌溉水中的重金属、氯化物、氰化物、氟化物和石油类等有害、有毒物质含量必须低于规定符合浇灌水的指标。

4. 整地

整地做到地平土碎，上虚下实，清除杂草。对地下害虫达到防治指标的田块，播前要结合整地进行土壤处理。用 5% 丁硫克百威（好年冬）颗粒剂每亩 3 kg~4 kg 均匀撒施，也可沟施，与肥料混施后，翻犁。

5. 施肥

覆膜种植的冰菜，要求在整地、起垄时一次性施足优质的有机肥和足够的复合肥。复合肥的 2/3 作为底肥结合播前起垄一次性施入垄底，剩余的复合肥作为追肥分 2 次施入。施入的有机肥应充分腐熟，作为底肥的化肥应与有机肥充分混合。

6. 育苗基质的配制

育苗基质是种子萌发环境的基础，优良的配比基质应当兼顾良好的持水性与透气性，这样既能固定植物根系，又能保水保肥，并且当一些外界有害物质侵入时，有机基质还具有缓冲作用及吸附有害物质的作用。一般常用的育苗基质有岩棉、细蛭石、珍珠岩、草炭、炉渣灰、细沙、有机肥等。

针对冰菜育苗的特点，基质配比主要有以下几个方面。

①将泥炭与蛭石按照 1 ： 2 的比例均匀混合作为育苗基质。播种前 3 d~5 d，使用 0.6% 的盐水作为溶剂按照 100 g/m^2 的根腐灵来进行消毒杀菌。

②将园土与农家肥按照 2 ： 3 的比例均匀混合作为育苗基质。其中，园土为沙质园土，以栽培葱蒜类蔬菜或豆类蔬菜的为宜，将园土均匀打碎后过筛。农家肥可使用市售的优质有机肥代替，使用前应消毒、碾碎、均匀充分混合后过筛，再置于日光下暴晒消毒。同时，每平方米混合基质中加入 50 g 尿素、8 kg 草木灰、80 g 磷酸二铵及 100 g 根腐灵，混合均匀后再装入育苗器具中育苗，器具一般使用现成的穴盘或平盘。

7. 播种

冰菜种子细小，播种后覆盖厚度约为 0.5 cm 的土层，由于冰菜种子较纤弱，应避免覆土过厚。冰菜浇灌时应选择喷雾较细的喷头，避免水花过大将冰菜种子冲出育苗盘。土壤应保持润湿但无积水的状态，避免湿度过大引起烂种。栽培环境温度控制在 20℃左右，当环境温度低于 15℃或大于 25℃时，种子发芽率会降低。

8. 苗床管理

冰菜出苗后，宜将生长环境的温度控制在 15℃ ~25℃，以 20℃左右为佳。而根据季节的差异宜采用不同的方式来调节苗床温度。低温季节栽培时，采用地膜覆盖、秸秆覆盖等保温增温措施，适当提高栽培环境温度；高温季节栽培时，增加通风与遮阳措施，保证育苗环境温度光照适宜。冰菜萌芽期宜用弱光，后期逐步加强光照，防止植株徒长。由于冰菜耐干旱、忌涝湿的特性，水分管理应遵循“不干不浇，浇则浇透”的原则，从而使幼苗维持一定的湿度防止植株干旱枯萎。育苗后期应给予充足光照，避免阳光直射，防止植株徒长。出苗后，应及时处理掉体积幼小、生长密集的幼苗。一般来说，穴盘每穴保留长势良好的壮苗 1 株或平盘株行距每 7~8 cm 留壮苗 1 株即可，25 d~40 d 后，幼苗具有 4 片 ~5 片真叶时即可进行移栽定植。

三、定植

冰菜植株生长健壮后，可进行定植和移植。定植和移植既能提高植株的生长质量，也能获得生长形态整齐的植株，又能减少植株的病虫害。与此同时，定植和移植也能使植株在一个更大的空间和更适宜的环境中生长，从而获得品质更高的产品。

定植期和定植密度是影响作物品质的关键因素之一。冰菜出苗后应选取长势健壮的幼苗进行定植。定植前，应选择疏松透气、排水性能良好的沙壤土用作定植土。定植时，将幼苗从育苗穴中移到事先整地作畦的苗床定植穴中，需要注意的是，冰菜苗期的叶片和根系非常娇嫩，易受机械损伤，因此具体操作时要小心谨慎。另外，定植穴的直径应略大于育苗穴的直径，幼苗移至定植穴中央后应将周围覆土均匀轻压，调整好苗的形态并保证定植苗直立，避免伤到根系，定植后及时浇透定根水。

移植是将幼苗从育苗穴中移栽至大田生长的过程。在移栽前一天，应适量浇水保证土壤湿润，株间距不宜过密。移植时应选择生长健壮、长势一致、根系发达、无病虫害幼苗，且避免损伤幼苗，移植后灌入足量定根水。

1. 带土移栽

定植时要做到带土移栽，植株根系尽量不受损伤。苗床育苗的，起苗时应多带护根土；穴盘育苗的，要保持盘土不散开。

2. 定植标准

苗龄不宜过长，苗株不宜过大，当幼苗具有 5 片真叶时定植。

3. 定植密度

每畦种两行，定植密度以 20 cm 左右的距离为宜，每亩种植 6000 株 ~8000 株。定植后浇足定根水，以利成活。

四、田间管理

冰菜幼苗定植后，必须及早进行田间管理，促进早生快发，达到全苗壮苗。

1. 温度与光照管理

冰菜移植后同苗期管理一样，应保持 20℃ ~25℃的冰菜适宜的生长环境温度。若环境温度低于 15℃时，可搭建面积较小的拱棚，适当提高温度；若温度高于 30℃，可采取适当通风或增加遮阳网等措施进行降温，以满足冰菜生长的环境温度要求。同时，在光照管理方面，冰菜因其喜光的特性要求整个生长期间光照充足，但要避免阳光直射，光照过强时注意适当遮光。

2. 水肥管理

冰菜耐旱怕涝，水分含量对冰菜的口感影响很大。冰菜培育时适度提高土壤溶液的相对浓度，可以达到控制水分的目的，利于形成冰晶颗粒，提高冰菜品质和商品价值。但当水分过量时，冰晶颗粒不易形成，导致冰菜咸味淡且爽脆感差，品质降低。因此，控制水分是冰菜培育中的重要环节。当叶片略显萎蔫、土壤较干时应及时补充水分，每次补水宜浇透。

另外，由于冰菜对环境的适应能力强、光合作用能力较强，基肥施足后每采收完可追肥一次。冰菜长势弱时可采用高度稀释肥进行叶面喷施，如利用木醋液（每 1000 mL 原液兑水 45 kg），每隔 7 d~10 d 喷施 1 次。

3. 土壤盐分管理

耐盐性是冰菜区别于普通作物管理的重要特性，盐离子是冰晶的主要形成来源，在冰菜生长过程中需要及时补充盐离子，以保证冰晶的形成，提升冰菜的口感。因此，在冰菜栽培过程中可适时浇灌浓度为 0.2% 的食盐水（25 d~30 d 时），如有需要后期可逐渐增加食盐水的浓度至 0.4%。另外，若下茬不种植冰菜，收获前 1 个月须停止浇灌盐水，以免影响下茬作物的正常生长。

露天种植

露天覆膜种植

第三节　采收

冰菜适时采收是保持冰菜良好品质和产量的关键所在，过早过晚采收，对产量和质量都有很大影响。因此，采收一定要及时、仔细、科学。

一、采收标准

冰菜侧枝分生能力强，定植 35 d 左右，基部侧枝长 12 cm~15 cm，株高约 45 cm，茎粗 0.8 cm~1.0 cm 时，即可采收。

二、采收时间

一般在当天 9：30 之前或 16：30 以后采摘。一般第一次采收后，每间隔 7 d~10 d 采收 1 次，随温度升高，采收时间间隔缩短。

三、采收方法

采收人员可用剪刀在离基部约 5 cm 处将侧枝剪下，也可用手采摘。能采的嫩茎叶一定要及时采收，如漏采或迟采，不仅叶老、质量差，影响食用和加工，而且影响其他嫩茎叶的生长发育。侧枝剪切之后还会长出新芽会长成新的侧枝。

四、采后保鲜

将采下来的新鲜嫩枝装入预先准备好的容器内，然后及时进行处理。为保证冰菜在售卖时保持最佳状态，采收或装箱时要轻拿轻放，运输箱底部要预先放置一排冰袋或者自制的冰瓶（普通塑料瓶装水冻成冰瓶），冰瓶上铺几层纱布或者报纸以防冻伤茎叶，将收获的茎叶放平，以减少运输过程中的损伤，保持不变质。采收之后，及时补充营养，追施 2% 水溶性肥料，因为收获后若不及时施肥，植株会生长不良，影响产量和口感。在冷藏 2℃和 5℃的情况下，冰箱可以保存 7 d~10 d。

冰菜采收

冰菜产品

第四节　各地区栽培技术

一、福建地区冰菜栽培技术

1. 培育壮苗

一般初秋温度低于 28℃或早春温度高于 15℃时就可开始播种育苗。每亩用种量 5 g 左右。

（1）播种育苗

选择叶小、分枝能力强的品种。育苗基质选择疏松透气、有机质含量高、质优价廉的基质土。播种前基质土暴晒一周，以预防苗期病虫害。播种时，用喷壶洒水在基质土上，拌匀，水分含量约 70%，以手抓起能捏成团、松手散开较为适宜，拌好的基质土即可装入育苗盘。每穴播种 1 粒 ~2 粒，播种深度不超过 1 cm，再撒上一层较细的基质土。用喷雾器喷洒适量水分，置于苗床上。

（2）苗期管理

白天温度控制 20 ℃ ~25 ℃，夜晚温度 15 ℃ ~20 ℃，空气相对湿度 70%~75%。苗期浇水把握“见干才浇，浇则浇透”的原则，用喷雾浇水较为合适。2 d~3 d 后种子出土，弱光为宜。12 d~15 d 后，可见真叶，真叶颜色较子叶浅，叶表面有白色晶状物，这段时期幼苗容易徒长和倒伏，管理上白天温度控制在 25℃左右，注意通风透光，促进幼苗生长健壮。播种后 25 d~30 d，幼苗长出 3 片 ~4 片真叶，即可定植。定植前需光照充足，适当炼苗。

2. 移栽定植

选择地势平坦的地块搭建大棚，排水良好、疏松透气的沙壤土定植较为适宜。施足底肥，每亩施入腐熟有机肥 2000 kg~3000 kg、复合肥 50 kg。深翻 30 cm，使土肥混合均匀，耙平。做成宽 0.8 m~1 m、深 0.2 m 的畦，畦沟宽 30 cm，每畦定植 2 行，行距 40 cm~50 cm，株距 30 cm~40 cm。每亩种植约 3500 株。冰菜生食，应减少茎叶与土壤接触，可覆膜栽培。移栽 4 叶 1 心苗时，把带土苗放在定植穴中心，覆土后稍镇压，及时浇透定根水。注意不伤根系。

3. 田间管理

（1）肥水管理

定植成活后可施 1 次缓苗肥，每亩施尿素 10 kg，追肥后及时浇水，使肥料溶解，以利于根系吸收利用。同时，及时给冰菜植株补充盐分，一般每月浇灌一次食盐水溶液，浓度为 200 mmol/L~400 mmol/L。冰菜耐干燥性强，每 5 d~7 d 浇水一次，土壤水分保持在 60% 左右。

（2）温度管理

大棚内温度宜为 20℃ ~28℃。冰菜生长过程中最忌高温高湿，温度过高往往导致冰晶颗粒减少，商品性降低。

4. 病虫害防治

冰菜病害较少，主要是苗期防止猝倒病和根腐病。虫害主要是蛴螬、蜗牛等。蛴螬可结合整地撒施辛硫磷颗粒剂防治，也可用黑光灯诱杀成虫。蜗牛发生高峰期，可在大棚周围撒施生石灰阻止蜗牛进入大棚，少量则可人工捕捉。

5. 采收保鲜

冰菜定植 1 个月后，基部侧枝长 10 cm~15 cm，茎粗 0.5 cm~0.8 cm 即可采收。一般清晨进行，因侧枝成放射状扩大，须用剪刀剪下。采后放入塑料筐内，及时食用或装箱。装箱前，在泡沫箱底部平放冰瓶（用普通塑料瓶子装水冷冻结成冰），用报纸包住冰瓶以防止冻伤茎叶，平放茎叶以避免运输过程中损伤，保持不变质。采收或装箱时轻拿轻放，保证不损伤茎叶。每采收一次后，冰菜植株需适当追施液体肥料以补充养分，浓度约 2%。采收后若不施肥，温度过高，新长出来的枝条细小，肉质不饱满，导致整个植株茎秆、叶片又细又小，影响产量和口感。生长旺盛期隔天就能采收一次，每季可采收 10 次。

二、山东地区冰菜栽培技术

冰菜的栽培方法多样，水培、土壤栽培或基质栽培均可，管理技术简单，在山东寿光一个温室大棚的管理大约需要 2 人。

1. 栽培时间地点

冰菜生长周期为半年以上，若 10 月播种，元旦前后可采摘上市，供应时间 5 个月以上；或在 12 月播种，春节前后上市，7 月 ~8 月之前可采收完毕。因冰菜不耐热，冰菜种植最好避开夏季高温时期，其他时期种植均可。

田块选择不能过湿，排水性要好。越冬温室种植表现为环境承受力很强，生长健壮。

2. 播前浸种

播前选择饱满、无机械损伤的种子在 20℃ ~30℃温水中浸种 4h 左右。

3. 播种育苗

工厂化育苗一般选用移栽育苗盘播种，每穴播入 1 颗种子，轻轻覆盖一层薄土，土层过厚影响后期出苗。也可选用每穴播种 2 粒 ~3 粒，保证出苗率，避免空穴。播种后温度控制在 20℃左右，温度过低或过高导致发芽率降低。如温度过低难以保证增温时，宜选用保温箱育苗；温度过高时要保持育苗室通风良好，快速降温。

4. 移栽定植

移栽定植时期一般选择播种后约 30 d，最早不早于 20 d，幼苗 3 片 ~4 片叶。带土（或基质）护根移栽，移植行距约 40 cm，株距约 30 cm。

5. 定植后管理

冰菜生长温度 20℃ ~30℃，最适温度 20℃ ~28℃。若移栽时期温度过低，可选择覆膜栽培。山东地区温室越冬栽培要注意低温期防寒，外界气温低于 –5℃时，应注意避免低温危害。夏季遇高温时，要及时通风。浇水不宜过多，一般在土壤表面出现干燥颗粒时浇水即可。肥料用量可依据当地土壤营养状况酌情加减，一般基肥施肥量是氮素、磷酸、碳酸钾各 1 kg/m^2，追加肥料前先除草，追肥可使用速效性肥料，氮素成分 0.5 kg/m^2，每 2 周 ~3 周施肥 1 次。

6. 病虫害防治

冰菜新种植区栽培少有病虫害。个别栽培区发现有少量蚜虫和金龟子为害，可采用防虫网预防，结合人工捕捉金龟子、采用黄板诱蚜等，控制虫害的发生。

7. 收获与运输

冰菜播种 2 个月后（由种苗公司提供菜苗，45 d）即可初次采收，生长盛期每 15 d 收获 1 次，初期采收产品为嫩枝，要求嫩枝长 15 cm 以上，脆嫩多汁未纤维化为合格商品，温室栽培每棚可采收 2000 kg 以上。一般早期收获时要轻拿轻放，保护好腋芽，避免碰撞和破损，要注意及时采收嫩枝，否则周期过长，嫩枝下部纤维老化影响口感和品质。后期收获也可采摘肥厚、性状较好的嫩叶，嫩枝和嫩叶需分别收获包装。一般选择早晨温度较低时进行采收，采收后即时上市。冰菜对运输条件要求较高，运输途中不能有任何碰撞和挤压。若长途运输需低温保鲜，保持产品鲜脆。

冰菜基质栽培

三、云南地区冰菜栽培技术

目前作为一种新兴的保健蔬菜，冰菜已在云南曲靖、普洱、丽江等地进行商业化种植。在大棚中种植冰菜，利于夏季避雨、冬季防寒，栽培上采用设施育苗，培育壮苗提高移栽成活率，加强苗期和田间管理，病虫害防治方面注重“预防为主、综合防治”，可获得高产量的绿色食品。

1. 生长习性

冰菜根系为须根系，根系发达，耐旱，耐寒。耐热性差，最适生长温度20℃~30℃，夏季栽培对高温敏感，气温低生育期延长。侧枝发生能力强，基部呈心形，紧抱茎。叶互生，肉质、肥厚，整个生长期喜光照，若光照充足，叶片健壮且显得更为翠绿，商品性状好。培育壮苗进行移栽后，一般种植2个月至3个月就会开花，花白色，较小，花瓣多数。蕾期摘除花蕾，可以继续采收冰菜。种子细小，椭圆形，栽培上主要是种子繁殖。

2. 培育壮苗

大棚种植冰菜，一年可种植两季，在冬春季或秋季进行保护地育苗，保证种苗长势整齐、健壮，利于提高商品性状。

（1）浸种催芽

冰菜种子属微粒种子，通常采用常温浸种。选择饱满、无病虫害的种子，在20℃~30℃水中浸泡0.5 h，沥干水分后用湿纱布包好，置于25℃条件下催芽24 h，中间用清水淘洗1次~2次，相对湿度为65%。

（2）播种育苗

种子露白后可播种。育苗基质选择疏松透气、有机质含量高、质优价廉的腐殖土。播种前，腐殖土用筛子筛去大的颗粒，暴晒一周，喷洒50%多菌灵可湿性粉剂500倍液，以预防苗期病虫害。播种时，用喷壶洒水在腐殖土上，拌匀，水分含量约70%，以手抓起能捏成团、松手散开较为适宜，拌好的腐殖土即可装入育苗盘。每穴播种1粒~2粒，播种深度不超过1 cm，再撒上一层较细的腐殖土。用喷雾器喷洒适量水分，置于苗床上。

（3）苗期管理

白天温度控制在20℃~25℃，夜晚温度15℃~20℃，空气相对湿度70%~75%。苗期浇水把握“见干才浇，浇则浇透”的原则，用喷雾浇水较为合适。2 d~3 d后种子出土，弱光为宜。12 d~15 d后可见真叶，真叶颜色较子叶浅，叶表面有白色晶状物，这段时期幼苗容易徒长和倒伏，管理上白天温度控制在25℃左右，注意通风透光，促进幼苗生长健壮。播种后25 d~30 d，幼苗3片~4片真叶，即可定植。定植前需光照充足，适当炼苗。

3. 移栽定植

选择地势平坦的地块搭建大棚，排水良好、疏松透气的沙壤土定植较为适宜。施足底肥，每亩施入腐熟有机肥 2000 kg~3000 kg、复合肥 50 kg。深翻 30 cm，使土肥混合均匀，耙平。做成宽 0.8 m~1 m、深 0.2 m 的畦，畦沟宽 30 cm，每畦定植 2 行，行距 40 cm~50 cm，株距 30 cm~40 cm。每亩种植约 3500 株。栽苗时，把带土苗放在定植穴中心，覆土后稍镇压，及时浇透定根水。注意不伤根系。

4. 田间管理

（1）肥水管理

定植成活后可施 1 次缓苗肥，每亩施尿素 10 kg，追肥后及时浇水，使肥料溶解，以利于根系吸收利用。同时，及时给冰菜植株补充盐分，一般每月浇灌一次食盐水溶液，浓度为 200 mmol/L~400 mmol/L。冰菜耐干燥性强，每 5 d~7 d 浇水一次，土壤水分保持在 70% 左右。

（2）温度管理

大棚内温度 25℃ ~30℃，夏季栽培要求棚内通风降温。若温度过高，且不通风，冰菜前期会徒长，后期茎秆腐烂，慢慢死亡。

（3）植株调整

冰菜生食，应减少茎叶与土壤接触，可搭架栽培。操作时，在畦两端立桩拉线，沿垄每隔 1 m 插一根竹竿，用细绳把冰菜茎秆两边拦住，既防止植株倒伏，还利于见光以增强光合作用，使茎叶颜色翠绿，也方便采收。及时摘除下部老叶，以利通风透光。

（4）中耕管理

冰菜生长较快，但是易滋生杂草，需经常中耕除草，以免影响冰菜的生长，还可结合中耕进行除草疏松土壤，促进冰菜根系生长。冰菜根系分布较浅，主要在 5 cm~15 cm 以下土层，中耕宜浅耕，注意要尽量少伤根系。

5. 病虫害防治

冰菜病害较少，主要是苗期防止猝倒病。虫害主要是蛴螬、蜗牛等。蛴螬可结合整地撒施辛硫磷颗粒剂防治，也可用黑光灯诱杀成虫。蜗牛发生高峰期，可在大棚周围撒施生石灰阻止蜗牛进入大棚，少量则可人工捕捉。

6. 采收保鲜

冰菜定植 1 个月后，基部侧枝长 10 cm~15 cm，茎粗 0.5 cm~0.8 cm 即可采收。一般清晨进行，因侧枝成放射状扩大，须用剪刀在离根部约 5 cm 处剪下侧枝。采后放入塑料筐内，及时食用或装箱。装箱前，在泡沫箱底部平放冰瓶（用普通塑料瓶子装水冷冻结成冰），用报纸包住冰瓶以防止冻伤茎叶，平放茎叶以避免运输过程中损伤，保持不变质。采收或装箱时轻拿轻放，保证不损伤茎叶。每采收一次后，冰菜植株需适当追施液体肥料以补充养分，浓度约 2%。采收后若不施肥，温度过高，新长出来的枝条细小，肉质不饱满，导致整个植株茎秆、叶片又细又小，影响产量和口感。

四、上海地区冰菜栽培技术

冰菜生长喜凉爽通风环境，忌高温多湿，温度超过 30℃，则植株会出现簇生、叶片卷缩瘦小、叶梢紫红等衰老现象，故在上海地区，7 月 ~9 月的高温多湿气候不适宜进行冰菜栽培。

冰菜在上海地区栽培，可采用冬春季促早栽培，即在 1 月上旬至 2 月下旬使用加温、保温的温控苗床进行播种育苗。秋播保护地栽培则是上海地区冰菜优质生产的推荐方式，通常在 8 月下旬至 10 月中旬播种育苗，可根据实际的种植茬口安排情况适当调整播种时间。也可采用保护地越冬栽培生产，采收上市时间能从 11 月上旬持续至翌年 4 月下旬，且产量高、品质优。

1. 播种及育苗

（1）播种前准备

使用 50 孔育苗穴盘，装满育苗专用基质，喷淋足量的水分，待基质上下完全湿润后备用。采用冬春季促早栽培、保护地越冬栽培的，需要使用电加温苗床。苗床上的加温线布设可根据育苗的加温面积按照环形布线成矩形，线条间距为

7 cm~10 cm，并在转弯处固定，防止线条之间相互覆盖造成危险。

（2）点播播种

冰菜种子微小，播种量控制较为困难。可使用顶端尖细的笔尖蘸水后轻粘种子，在育苗盘里按照 3 粒 / 穴进行点播播种。播种后喷水湿润种子，并覆盖轻薄的松软基质薄土，以表面不裸露种子为宜。

（3）育苗管理

采用冬春季促早栽培、保护地越冬栽培的，需覆盖塑料薄膜保温保湿，直至出苗后去除薄膜；播种时苗床温度保持在 26℃ ~28℃，出苗后苗床温度白天保持在 20℃ ~22℃、夜间保持在 15℃左右；在通风良好的环境下育苗。待幼苗长出 4 张 ~6 张叶片（苗龄 25 d~30 d）时，即可定植到大田。采用秋播保护地栽培的，在播种后出苗前应加盖遮阳网遮阳、保湿、降温，出苗后及时揭去遮阳网，大棚温度保持在 20℃ ~25℃，并在通风良好的环境下保苗，直至幼苗长出 3 张 ~5 张叶片（苗龄 20 d~25 d）时，即可定植到大田。

2. 定植

冰菜喜肥力适中的栽培土壤，定植前大田需每亩撒施农家畜肥 1500 kg~2000 kg，然后深耕整地。值得注意的是，施肥量不宜过高，避免引起冰菜叶片过度膨大。整地后作垄，要求垄面宽 120 cm，垄间沟宽 30 cm~35 cm，垄高 15 cm~25 cm。为方便采摘并防止后期生长空间密闭，冰菜宜采用双行定植，行距、株距均以 35 cm~40 cm 为宜。幼苗定植后当天需浇足定根水，隔天补水，以利于幼苗成活。定植后若遇温度较高的晴天，需在定植后 7 d 内进行遮阳降温，避免幼苗大量枯萎，甚至死亡。

3. 大田栽培管理

（1）温度和光照管理

冰菜在大田生长期间，温度应控制在 12℃ ~30℃，但在低温栽培期（如冬春季促早栽培、保护地越冬栽培），夜间还需使用塑料薄膜覆盖保温，白天揭除；

在高温天气栽培，则需及时通风降温，并适当遮阳，以延长收获期。

（2）水分管理

幼苗成活后要适当控制浇水，避免水渍和田块土壤过湿；地膜上若出现积水，需及时进行处理，以防茎叶腐烂或死苗；生长后期的水分管理应遵循“见干见湿，浇则浇透”的原则。

（3）肥料管理

在大田生长期间，追肥宜使用速效性复合肥料，可将氮：磷：钾＝30：15：15的复合肥溶解稀释后，每隔2~3周在采摘嫩茎叶后进行1次叶面喷雾追肥，叶面肥的浓度以1.5%~2.0%为宜。

（4）植株管理

冰菜在定植后30 d左右开始进入快速生长期，此时侧枝呈放射线状扩大，再加上冰菜在栽培过程中需要留腋芽，故此时要用剪刀修剪侧枝。修剪时需用手拿着侧枝，以防伤苗。

（5）病虫防治

冰菜因带盐，故病虫害发生较少，仅发生立枯病和少量虫害（蜗牛、蚜虫和烟粉虱）等。其中，立枯病多在冰菜苗期发生，可用福美双等药剂进行杀菌处理，并保持足光、通风，防止湿度过高。建议使用悬挂黄板来控制害的发生数量，使用6%四聚乙醛颗粒剂防治蜗牛。

4. 采收

冰菜可食用部位为顶部嫩梢及叶片，在冰菜定植后约30 d即可进行分批采收，每10 d左右采收1次，整个采收期可持续4~5个月。采收的最佳时间为上午温度较低的时候，采收时应从第三至第四节位起，采摘长10 cm左右的顶端幼嫩枝条，并保留腋芽。采摘时要结合整形，优先采收生长密集的地方，以防田间生长过密导致透气性差，枝条细小。采收后应立即进行8 ℃~15 ℃预冷速冻，以使其在运输过程中能保持品质不变。整个采收和运输过程需轻拿轻放，防止叶面折损或冰晶颗粒破坏而呈现深绿水渍状伤害。

五、天津地区冰菜栽培技术

冰菜可以露地栽培，也可以设施栽培。由于冰菜对重金属有极强的吸收能力，所以冰菜在露地或设施栽培时，要确保生产用地没有受到污染。

1. 地块的选择与准备

冰菜栽培最好选用沙壤土与草炭土混合，确保其良好的透气、透水性能。

2. 播种时期

天津地区可分别在春、秋两个季节播种。春播在 2 月 ~3 月，秋播在 8 月 ~ 9 月。春季栽培时，如果室外温度过低，无法达到种子发芽所要求的温度条件，可先在温室内花盆或生长箱中育苗，待长出 2 片真叶后再移植室外。

秋季栽培时，如果在收获期到来前，室外温度已经不适合水晶冰菜生长，可进行防寒保温处理，以保证正常收获。

3. 栽培步骤

（1）浸种

由于水晶冰菜的种子小且较硬，所以在播种前宜将种子浸泡在 20℃ ~30℃ 的温水中 3 h 左右再行播种。为了预防病虫害的发生，用种子质量 0.2%~0.4% 的水合剂对种子进行包衣处理为宜。

（2）点播

营养钵（6 cm×6 cm）每穴中播入 1 颗，或者育苗盘内以 9 cm 为一个点播入 3 颗种子，播后覆盖 0.5 cm 土层，避免覆土过厚。种子发芽的适宜温度为 18℃ ~20℃。为了确保有较高的发芽率，要在苗畦上覆盖秸秆等覆盖物，以保持地温，温度的不同对发芽时间和发芽率会有较大影响（详见表 13）。在低温时期，要覆盖地膜或利用保温箱等设施。秋天播种时，较高的地温会导致发芽率降低，应注意保持育苗棚室经常通风，使育苗温度适当下降。另外，冰菜的种子极小，播种后为了不让灌水冲走种子，最好采用喷雾式浇水法。

（3）定植

播种5 d后即可发芽。如果是直播，发芽后，当幼苗长出多片叶子时开始间苗。间下来的芽苗可作食用。播种后半个月左右，其根系长出，长度可达15 cm；播种30 d后，根部变粗变壮。当幼苗长出两三片叶时进行选苗，初选每穴留2株，待长出4片叶时，保留1株长势最好的，其余疏除。将育好的幼苗从营养钵或育苗盘中取出定植，定植时株距保持在30 cm~50 cm为宜。一般而言，育苗后移植可以提高植株生长质量，尤其适合规模化商业栽培。

冰菜移植时的注意事项：冰菜苗期叶子非常脆嫩，移植时要确保不伤到叶子，应小心谨慎地从钵中取出。定植穴要比钵的直径大一些，然后小心地将苗植入。植入后，周围培好土，用手指轻轻压实，以确保苗能立稳。

（4）温度管理

播种后的日间温度以20℃左右为好，温度较低时，可以使用透明塑料薄膜覆盖，促进升温。秋天播种时，会受到高温的影响，导致发芽率降低，这种情况下要保持育苗棚室经常通风，使环境温度适当下降。如果仍然不能使温度降到合理区间，可以覆盖遮阳网，或覆盖草帘等物遮蔽阳光，起到降温作用。

表13　温度条件和种子发芽的关系

温度（℃）	发芽日数（d）	发芽率（%）
18~20	5~6	55~65
20~25	3~5	45~50
＞25	停止	0
＜15	停止	0

（5）肥水管理

移植后大约2周，叶开始伸展，植株进入较快生长期，应注意植株长势，适时追肥。每株施肥量为 3 g~5 g。也可以按氮、磷、钾各 80 kg/hm^2 的量来施肥。追肥时，可视长势情况，每 2 周 ~3 周追施速效肥 1 次，施肥量为氮肥 20 kg/hm^2~30 kg/hm^2。

冰菜原产于非洲，具有厌湿的特点，为了保持地表干燥，不使泥水溅到叶面上，最好采用喷雾浇水的方法，或向株苗周围洒水。一般每周浇 1 次水即可。

收获前对浇水量适当控制，不仅有利于冰菜盐囊的成长，使其充分显现出冰菜的特点，更有利于其收获后长时间地保持良好的品质。为了能够使水晶冰菜长出“冰花”，在收获前 1 周可适当施用盐水。水的含盐量保持在 1%~2%，盐水不可过多，过量施用不但不会被植株吸收，反而会影响冰菜的正常生长，平常只浇淡水即可。浇灌盐水的简易制作方法为，肉眼判断大约 1L 水加一大汤匙食盐。

4. 收获期管理

从移植开始，如果是在日光充足的条件下生长，大约 1 个月后，植株长到 50 cm 左右，就可以收获了。收获腋芽：腋芽长到一定程度，剪切下来可供食用，其后还会长出新芽，新芽长大后仍可以收获。收获叶片：冰菜的叶子呈放射状伸展，长到 50 cm 左右时即可收获。

收获时要在温度较低的早上进行，采收后马上低温贮藏，以确保冰菜的品质。冬季室内越冬栽培，如果能够确保温度在 5℃以上，植株就不会枯萎，来年仍可继续生长、收获。但是开花后的植株会出现枯萎现象，所以越冬的植株一定要将花芽摘掉，以确保来年正常生长。

5. 采籽的管理方法

冰菜开花期如果要采集种子的话，可以进行人工授粉（冰菜为异株授粉），但是开花会对冰菜的生长带来一定影响，株茎生长势和食味品质都会显著下降。因此，最好将育种和栽培分开进行为宜。

六、甘肃地区冰菜栽培技术

1. 整地施肥

冰菜茬口要求不是太严，应精细整地，播前施足底肥，每亩施三元复合肥 35 kg~40 kg、充分腐熟的有机肥 3000 kg~4000 kg。翻地后浇足底水，等地面稍干后起垄。

2. 起垄覆膜

垄宽依地膜宽度而定，一般地膜宽 70 cm，垄宽 50 cm；地膜宽 120 cm，垄宽 100 cm。垄沟宽 30 cm，垄高 10 cm~15 cm。垄面要整平，然后覆膜，地膜一定要绷紧压实、贴紧地面。地膜最好选 0.008 mm~0.01 mm 的黑膜，可减少杂草。

3. 育苗定植

甘肃日光温室冰菜种植在海拔 1800 m~2000 m 的地区，播种应在 9 月底 10 月初进行，可分期播种。用 20℃ ~30℃温水浸种 2 h~4 h 后播种。播种后的温度以 20℃左右为宜。秋天播种栽培的话，有时会受到高温的影响，发芽率会降低，注意保持育苗房通风，使其育苗环境温度下降。待叶长到第 4 片 ~5 片叶子、播种后 20 d~40 d（因栽培时期而异）的时候就是定植的合适的时期。采用穴栽法，每穴栽 1 株 ~2 株，株行距（35 cm~40 cm）× 30 cm。垄面宽 50 cm，每垄栽 2 行；垄面宽 100 cm，每垄栽 4 行。定植栽培时最好是 16：00~17：00 进行，心叶不能被土淹埋，如果心叶被淹埋则容易烂苗。因为冰菜采收的主要是侧枝，所以采取稀植，一般每亩定植 3500 株 ~4000 株，种植密度过大会降低商品率。

4. 田间管理

（1）温度管理

冰菜是一种耐干旱、耐瘠薄、耐盐碱的植物，对温度要求不是太严格，定植后白天温度 20℃ ~30℃，夜间 10℃ ~15℃即可。夜间低于 5℃或白天高于 35℃植株就停止生长，但恢复到适宜温度时会继续生长。

（2）及时间苗、定苗

一般定植 5 d~10 d，植株扎根长出新叶时，及时间苗、补苗，每穴保留 1 株，去弱留强。用土及时封住地膜口，并加强幼苗管理。

（3）除草

如果是白膜种植，定植后田块浇水，杂草生长比较快，应结合间、定苗及时拔除杂草，以免其与冰菜争夺水肥，影响冰菜的正常生长。覆盖黑膜可免去除草。

（4）水肥管理

定植时，当植株具 4 片 ~5 片叶，要浇定苗水，且以浇透（每株与每株之间水印相互接触）为好。膜下潮湿时一般不浇水，膜下干燥时浇到湿透为止。长出侧枝时，只需要保持膜下潮湿，不需要施肥。再次或多次长出侧枝时，结合浇水每亩再开穴或追施三元复合肥 15 kg，生长期间喷施叶面肥，用 0.3% 磷酸二氢钾加 0.5% 尿素混合液喷施，如果采收及时，要多次喷施叶面肥。

（5）病虫害防治

目前，在日光温室中栽培冰菜时还未发现病虫害，但是要少浇水，一般保持膜下潮湿就行，膜面保持干净，不能有积水，如果出现积水要及时清理掉，不然与膜面接触的叶、茎会腐烂。

5. 采收

冰菜要及时采收，定植后约 1 个月采收侧枝，用剪刀剪下。主枝会径向扩散分蘖侧枝，可不间断进行采收，每株产量可达到 2.5 kg~3 kg。在运输途中要低温贮藏或清晨采收后预冷，最好装在黑色塑料袋内，可在冰箱冷藏 1 周仍然鲜嫩。

七、浙江地区冰菜栽培技术

1. 播种育苗与移栽管理

（1）种子选择

冰菜种子细小，播种时要选取新鲜、籽粒饱满、无病虫害的种子。种苗栽培则选取健康、生长良好、长势一致、根系发达、无病虫害、具有 4 片左右真叶的幼苗进行移栽定植。

（2）基质处理

采用泥炭：蛭石＝1 ：2 的混合基质作为育苗基质。播种前 3 d~5 d 以每立方米基质加入根腐灵 100 g 对其进行消毒杀菌。

（3）播种

冰菜播种温度以 20℃为宜。秋播不宜过早，否则易因高温导致出苗受影响。冬季播种和早春播种要有适当的保温措施，一般在室内或大棚中进行。春季播种不宜过迟，避免过早进入夏季高温影响植株后期的生长发育。冰菜种子较小，宜采用穴盘点播或平盘撒播。点播以每穴播种 2 粒 ~3 粒种子为宜，用少量基质进行覆土，覆土不宜过厚以免影响出芽情况。采用泥炭：蛭石＝1 ：2 的混合基质作为育苗基质。播种后一般在 3 d~4 d 后开始发芽，出芽迅速，5 d~7 d 集中出苗，14 d 后出苗基本结束。

冰菜幼苗较小，其双子叶上可见较明显透明冰晶状颗粒物。幼苗期注意水分管理，掌握见干见湿原则。出苗期光照以弱光为宜，后期为给予充足光照以防止徒长，温度以 15℃ ~25℃为宜。

2. 移栽管理

苗期进行适当的水分管理，保证供水充足。在植株具备 4 片 ~6 片真叶时，需及时进行移栽定植，以保证后期幼苗的正常生长。冰菜可采用土耕和水培 2 种栽培方式，土耕移栽时按照 10 cm × 10 cm 的株行距进行挖穴定植，浇定植水缓苗，4 d~6 d 后植株可正常生长。水培株行距与土耕一致，适当修根，以海绵包裹基部茎秆固定。

3. 田间管理

（1）光照和温度的管理

冰菜喜光照，在光强 3000 lx~14000 lx 条件下均可生长。适度强光可促使叶片增厚，增强植株长势。栽培过程中，在正常的环境温度下应进行全光照栽培。冰菜生长适宜温度为 15℃ ~30℃，不耐高温，夏季栽培可采用遮阳网降温，同时注意及时通风降温除湿。

（2）肥水管理

冰菜较耐干旱，不耐涝。栽培过程中要注意控制水分，浇水以见干见湿为宜。如果栽培期间水分过大，则形成的结晶颗粒少，作为食材自身咸味淡、口感差。同时，定期用 200 mmol/L NaCl 溶液进行灌溉处理，可以促进冰菜植株生长，并提高其口感和食用价值。土耕栽培以基肥作为主要肥力来源，在生长期穴施少量复合肥。水耕栽培后期应每 15 d 左右结合浇水补充液体肥料，浓度以 2% 左右为宜。

（3）覆膜处理

冰菜可生食，栽培过程中要减少茎叶与地面的直接接触，栽培过程中可使用地膜覆盖，使植株清洁。同时，降低地表湿度，减少病害发生，并抑制杂草生长，可在移栽时结合进行。

（4）病虫害防治

冰菜苗期栽培过程中主要出现猝倒病。猝倒病主要表现为幼苗基部出现水渍，并很快扩展、溢缩变细呈细线状，病部不变色，病势发展迅速，子叶仍为绿色，萎蔫前即从茎基部（或茎中部）倒伏而贴于床面。病害常表现为局部植株发病，病情在适合条件下易以病株为中心，迅速向周围扩展蔓延，形成病区。苗期种植过密湿度过高易引发猝倒病，造成幼苗的死亡，尤其在秋冬播种时低温高湿的条件下更易导致病害的发生。可用2亿个活孢子/g木霉菌可湿性粉剂500倍液防治。

细菌性、真菌性病害，表现为基部真叶腐烂，茎秆黄化且皮层水渍化，同时腐烂向上蔓延，严重时导致植株死亡。主要是因水分过多使叶片基部茎秆及与之相连叶片的腐烂，造成植株养分供应不足，上部叶片黄化失绿，影响植株长势，如不及时处理易造成植株主干的整体腐烂进而造成植株死亡。出现上述情况时要及时对其进行干旱处理，去除病腐叶片，施用多菌灵，防止病害加剧。栽培过程中要加强通风，降低真菌性和细菌性病害的发生。同时，在采收时结合整枝修剪，降低植株密度达到降湿的效果。

冰菜受虫害影响较小，栽培过程中主要虫害有蚜虫、白粉虱等。防治可采取一般物理防治，如挂黄板、使用防虫网等，以减少农药的使用，提升产品的品质。虫害过重时考虑药剂防治，蚜虫防治采用7.5%鱼藤酮乳油1000倍~1500倍液防治，7 d~10 d喷雾1次，连续喷2次~3次。

4. 产品采收

冰菜播种后2个月左右，植株生长进入旺盛期，即可对其生长良好的侧枝进行采收。采收最好选择一天中气温低时进行，如上午露水干后，或者下午温度较低时进行。采收从基部侧枝开始，选取密集生长且长度在15 cm以上的枝条，自茎尖向下截取8 cm~10 cm，注意在枝条第1节处留1对功能叶，促使次级侧枝的萌发。采收时注意对植株的保护，避免损伤植株或破坏采收枝条的结晶状颗粒。采收后条件允许的情况下应及时进行预冷，延长供货期，防止其在储存和运输过程中变质。采收时可适当对植株进行修剪，去除下部老弱病叶，疏除过密错枝。

5. 留种

冰菜花呈白色，头状花序，单瓣，花期为1个月左右。花谢后形成蒴果，并结种子。留种时应选择生长良好、性状优良的单株作种株，进行人工授粉，保证肥水充足，并适当进行疏花以保证种子得到充分的营养供应。种子的采收在花谢后，种子囊变成紫红色时进行。采收时将整个种子囊采下，晒干后搓开分离种子，种子晒 2 d 后通风干燥贮藏，以备秋季天气转凉后再次进行播种。

八、江苏地区冰菜栽培技术

1. 茬口安排

冰菜在塑料大棚内种植时间长，从 7 月份播种育苗，8 月份定植到 10 月份开始采收，整个生长时间可长达半年以上。由于冰菜耐寒不耐高温，夏季不适宜冰菜生长，可掀去棚膜并使用遮阳网进行遮阳以延长采收期。

2. 播种育苗

冰菜种子小且价格高，加之育苗期间又是高温天气，发芽率较低，所以建议使用穴盘基质育苗。选种时须选择种子饱满、无病虫害的种子，基质可选用商品育苗基质，由于种子细小且发芽率不高，每穴放 2 粒 ~3 粒种子，轻轻铺上一层薄基质，保证其发芽率。播种后立即进行喷水。育苗期间属于高温期间，要及时通风和使用遮阳网进行降温处理，温度控制在 20℃ ~25℃之间为宜，同时要注意基质变干时需及时浇水，当苗有 4 片真叶时即可移栽定植，定植株行距 40cm × 50 cm。

3. 整地施肥

冰菜定植在宽 6 m、长 50 m 的镀锌钢管塑料大棚，首先将土地深耕 20 cm~30 cm，结合翻耕，亩施腐熟有机肥 1000 kg、45% 三元复合肥 35 kg，然后整地做 3 个高畦，畦宽 1.5 m~1.8 m，沟宽 0.3 m~0.5 m，深 0.2 m，然后将畦面耙平整。

4. 田间管理

（1）肥水管理

冰菜喜肥，所以基肥一定要施足，当冰菜每次采收完以后即可追施一次肥，每次可施 45% 复合肥 15 kg，同时浇足水。冰菜不耐水，所以当移栽水浇足以后，一周左右可再浇一次缓苗水即可，之后随着温度降低，需水量也逐步降低，可根据见干见湿原则适当为其浇水。

（2）温度管理

冰菜耐寒不耐高温，高于 30℃就不利于其生长，将出现生长停滞，叶子皱缩变小，故在进入 5 月份要及时揭膜通风，并覆盖遮阳网进行降温，可以适当延长采收时间。冰菜特别能耐寒，棚外低于 –5℃才需加强保温措施，可在大棚内搭一层小拱棚保温即可，9：00 以后揭膜，15：00 覆膜，避免造成湿度过大。

5. 病虫害防治

冰菜在本地区病虫害发生极少，只要注意通风降湿，摘除老叶，基本无需用药。在育苗期间有猝倒病的发生，可施用多菌灵预防。在虫害方面偶尔有蚜虫，为达到优质栽培目的，可采用物理防治为主，通过防虫网隔离、黄板诱杀来减少虫害的发生。

6. 采收和运输

定植后约 1 个月即可采收，冰菜以侧枝采收为主，可多次采收。首选生长密集处，当侧枝长至 15 cm 左右时从茎尖至下部 8 cm~10 cm 处将侧枝剪断，以利于下茬采收。剪下侧枝后要轻拿轻放，减少叶片上冰粒的破损，提高其商品性，同时放入周转箱进行转运。冰菜的采收时间应在上午或者下午温度较低时为宜，采收后有条件的需对产品进行预冷包装，以便于储藏和运输，提高品质，提升其经济价值。

7. 留种

冰菜花呈白色，头状花序，单瓣，花期为 1 个月左右。花谢后形成蒴果，并结种子。选择健壮的植株作种株，待蒴果成熟时选择饱满的采摘，将采收的蒴果放在阴凉处晒干，由于冰菜种子极其细小，故人工要小心揉搓，将揉搓下来的种子进行收集，并晾晒 2 d 左右装入种子袋贮藏。

九、辽宁地区冰菜栽培技术

1. 种子选择

冰菜种子极小，千粒重约为 0.3 g。应选择深褐色，近圆形，大小约为 0.5 mm 的饱满种子。

2. 育苗

辽宁地区 3 月初可在温室内采用穴盘（200 穴）育苗，用草炭土、珍珠岩与蛭石按 10 ∶ 1 ∶ 0.4 比例配制育苗土。每升混合土加入百菌清 0.1 g 杀灭土中残留的细菌，保持 12 h~18 h，待百菌清药效充分发挥后即可使用。每穴播 2 粒 ~3 粒种子，表面覆盖一层细蛭石，厚度宜薄不宜厚，以免影响种子出芽；也可用育苗盘育苗，先将冰菜种子与细蛭石混合，体积比约为 1 ∶ 10，将种子均匀撒播在育苗盘中即可。播种后，将穴盘或育苗盘放置在育苗床上，及时喷水。宜用 1000 目喷头喷水为宜，以免水花过大将冰菜种子冲出穴盘或育苗盘。苗期保持 20℃，为保证穴盘或育苗盘内土壤湿度及小环境温度，可搭建塑料拱棚。穴盘或育苗盘温度较高时，可打开小拱棚通风口进行散热；温度较低时，关闭小拱棚风口。每天喷水 2 次 ~3 次，分别于 8：30、13：00 和 16：00 喷水。每次喷水时喷湿土壤即可，喷水量不宜过大，以免土壤湿度过大引起烂种。经 8 d~10 d 种子陆续发芽，发芽后温度保持 20℃，每天喷水 2 次，喷水量可适当增加，保持土壤湿润但不积水。播后 15 d~20 d 长出新叶后开始间苗，用镊子去除弱苗，每穴保留 1 株壮苗。

3. 定植

播种后 35 d，4 片 ~5 片叶时即可定植到定植床的花盆中。采用金属网格做定植床床面，确保及时排出多余水分。定植床宽 1 m 为宜，以便采收，长度可依据温室宽度而定，高度 80 cm~100 cm。在定植床床面下 30 cm 处设置回流槽，及时回收每次喷施的含钠水溶液（含钠水溶液会破坏土壤结构，使土壤盐碱化）。

以 25 cm 长花盆为例，每盆定植 2 株冰菜，间距 15 cm 左右。定植前将花盆喷透水，并及时定植，定植后无需进行 2 次喷水。将花盆摆放到定植床上，花盆间距 5 cm~8 cm。定植后在定植床外搭盖薄遮阳网，以缩短冰菜缓苗时间。缓苗期间不用喷水，若土壤水分流失很快，需及时补水，但水分不宜过大。缓苗后，及时揭除遮阳网，促进冰菜快速生长。

4. 温湿度管理

冰菜喜冷凉、干燥、通风、光线充足的环境，应适当控水，一般 7 d~10 d 补水 1 次，以利于冰菜叶泡状细胞的形成，提高冰菜商品性。水分过多或过少，则形成的泡状细胞过大或过小，都会影响冰菜本身含有的盐味的口感，降低商品性。为提高冰菜品质，可在栽培期间适当补充含钠水溶液（可用食盐水溶液代替），浓度为 150 mmol/L~200 mmol/L，可根据口感适当提高或降低浓度，每月最多喷施 1 次。栽培过程中，为确保冰菜正常生长，可随喷水适当补充叶菜营养液（含硝酸钙、硝酸钾、磷酸二氢铵、硫酸镁、尿素及硫酸钾），每半个月左右喷施 1 次，浓度由 0.8 倍到 1.5 倍逐渐递增。冰菜生长适宜温度为 15℃ ~30℃，以 20℃ ~25℃最佳。温室内应注意通风、降温、除湿，及时开启通风口，保持适宜的温、湿度。4 月中旬定植，5 月初冰菜开始进入快速生长时期，5 月中下旬大连地区光照明显增强，可搭盖遮阳网，以达到降温的目的，亦可适当延长冰菜采收期。

5. 病虫害防治

冰菜病虫害相对较少，苗期易出现烂根现象，定植后易受白粉虱、蚜虫等虫害为害。冰菜苗期烂根主要由土壤水分较多引起的，控制水分即可减少或者杜绝冰菜烂根。白粉虱、蚜虫等虫害可采用黄板诱杀。

6. 采收

5 月上中旬即可开始采收，8 d~12 d 采收 1 次。冰菜嫩尖 8 cm~10 cm 处口感最佳，采收时，要预留 3 片 ~5 片未分出侧杈的叶片，以确保后续采收。运输途中需低温储藏，可在采收后进行预冷处理。

十、河北地区冰菜栽培技术

1. 整地施肥

首先深耕松土 25 cm~30 cm，并耙平，用硫黄粉对棚室进行熏蒸杀菌消毒，待熏烟散去后进行整地。整地时备好基肥，一般每亩施用有机肥 1500 kg~2500 kg、复合肥 50 kg~60 kg、磷酸二铵 15 kg~20 kg，肥料撒施要均匀，如果不均匀可以再将土壤浅翻一下。然后做高畦，畦宽 0.8 m~1.2 m，畦高 20 cm~30 cm，沟宽 30 cm。每畦栽 4 行 ~6 行为宜。

2. 播种育苗

（1）种苗选择

冰菜目前主要以野生种为主，栽培品种较少，冰菜繁殖主要依靠种子繁殖。籽粒饱满、颜色纯正、无病虫害是挑选种子的关键。如购买商品苗，应选择叶色深绿、茎秆粗壮、根系发达、无病虫害的壮苗为宜。

（2）育苗

冰菜种植可以通过种子直播和穴盘育苗的方式进行。无论哪种方式播种，首先应进行浸种，用 20℃ ~30℃的温水浸种 2 h~4 h。种子直播，河北地区在 8 月底或 9 月上旬进行播种，一般用种量为每亩 5 g，播种前 1 天将栽培床浇透，按照 20 cm × 20 cm 的行株距进行挖穴，每穴点籽 4 个 ~6 个，然后覆盖一层薄土 1 cm 左右。穴盘育苗，首先按照草炭：蛭石：腐熟牛粪＝ 2 ∶ 2 ∶ 1 的比例配置育苗土，用 15% 噁霉灵水剂 1000 倍液对育苗土进行杀菌消毒，预防苗期猝倒病及立枯病的出现。然后装好穴盘，用水浇透，压盘后按照每穴 2 粒 ~3 粒种子进行点籽，上覆盖 0.8 cm~1 cm 薄土，薄膜覆盖，待出芽后揭去覆盖物。育苗时，棚室温度以 20℃为宜。一般 8 d~10 d 出苗，出苗前几天以弱光为宜，促进植株缓苗，之后光照要充足，水分供应要适宜。及时进行间苗补苗，保留壮苗。

（3）定植

对穴盘育苗而言，待秧苗长至 4 叶或 6 叶时，适当锻炼，即可进行定植。移栽时，秧苗轻拿轻放，减少对秧苗根系和叶片的伤害。移栽结束浇缓苗水，之后 4 d~7 d 尽量不要浇水。植株正常生长后，就土壤湿润程度，确定是否浇水。

3. 田间管理

（1）温度管理

河北地区 10 月以后，气温逐渐下降，温室生产应注意调整好风口，白天温度控制在 20℃ ~25℃，夜间控制在 15℃以上，避免植株受到霜冻危害。11 月中下旬，气温骤然降低，最低温时会降至 –20℃左右，因此要及时加盖草帘进行保温，条件允许可再加盖一层棉被，或者给温室进行间歇式供暖，控制室内温度在 5℃以上，以保证冰菜安全过冬。

（2）光照管理

河北地区冬季气温较低，为保温，白天揭盖草帘的间隙时间较短，光照时间较短，植株生长缓慢，为促进冰菜正常生长，可在温室内安装补光灯，早晨及傍晚期间为作物补光。

（3）水肥管理

定植后 4 d~7 d 不用灌水，待苗正常生长后，根据土壤干湿程度进行浇水，依照“见干就浇，浇则浇透”的原则，控制灌溉次数。冰菜移栽 2 周后，可通过撒施或者叶面喷施的方式进行追施氮肥一次，促进植株生长。冰菜适宜盐碱地栽培，为获得优质冰菜，可在栽培期间，每月用含 200 mmol/L 的 Na^+水溶液进行灌根一次。

（4）病虫害防治

冰菜病害较少，部分栽培地区出现蚜虫、白粉虱等虫害。防治虫害，应做好预防，可以采取悬挂黄板和遮盖防虫网的方式进行；如虫害发生严重，则需要进行药剂防治。可选用 10% 吡虫啉可湿性粉剂 1000 倍液或 25% 噻嗪酮可湿性粉剂 2500 倍液混用，对冰菜均匀喷雾；或者将棚室封闭，每亩用 35% 吡虫啉烟雾剂 200 g 或 20% 异丙威烟雾剂 250 g，进行熏蒸消毒，5 d/ 次 ~7 d/ 次。

十一、广西地区冰菜栽培技术

冰菜栽培最好选用沙壤土与草炭土组合，或者直接使用草炭作为栽培基质，因为其透气和透水性能较好。

1. 栽培方式

（1）土壤栽培

选择排灌方便、土质疏松的地块，平整土地，畦高 30 cm 左右、宽 1.2 m 左右，沟宽 25 cm 左右，多行种植，株行距 40 cm × 40 cm。每亩施用 750 kg 农家肥、三元复合肥 25 kg~40 kg。

（2）水培

水培冰菜清洁卫生，操作简单。水培冰菜可采用深液流水陪床、“A”字架水培设施和离地高设管道水培架等。以离地高设管道水培为例，水培孔可以定做，一般为圆形，直径 3 cm 左右，与相同孔径的定植杯配套使用，水培管道为立方体，深 10 cm 左右、宽 12 cm 左右，营养液运用循环供液方法，可随时补充氧气和冰菜生长所需的各种营养物质。营养液配方：四水硝酸钙 450 mg/L、硝酸钾 210 mg/L、磷酸二氢钾 80 mg/L、七水硫酸镁 250 mg/L、硝酸铵 70 mg/L、硫酸钾 120 mg/L。

2. 培育壮苗

冰菜种子小，每亩用种量约 5.5 g，可采用种子拌土直播，也可采用 72 孔穴盘育苗，然后再定植移栽。利用穴盘育苗方法，可使种苗生长健壮、长势整齐，有助于提高冰菜的商品性。

（1）浸种催芽

选择颗粒饱满、种皮完好的种子，用多层纱布包好，置于 25℃ ~33℃温水中浸泡 30 min，然后将水分沥干，在 23℃ ~25℃条件下催芽 24 h 左右，其间用清水淘洗 1 次 ~2 次，洗去因种子呼吸作用分泌的黏液，促进种子萌发。一半以上种子露白即可播种。

（2）穴盘育苗

育苗基质选择的是市面上售卖的草炭，或者质地疏松、富含有机质的腐殖土。使用草炭方便快捷，可减少工作环节，降低工作量。将准备好的基质放入穴盘中，轻轻用力按压填满，但是切不可太过用力，免得基质过度紧实，影响种子发芽。在穴盘的每个种植孔上轻轻按出 3 mm~5 mm 深的播种穴，每穴播种冰菜种子 1 粒 ~2 粒，然后撒上一层薄薄的基质。最后，用喷雾器或者花洒淋水，至穴盘底部有水渗出，视为已经浇透，之后置于苗床上。种子发芽适温 20℃左右。

（3）苗期管理

穴盘苗出苗后及时防治病虫害，一般在冰菜 3 叶 1 心时喷洒 72.7 g/L 霜霉威盐酸盐水剂 2000 倍液预防苗期猝倒病，高效联苯菊酯（氟氯菊酯）乳油 1000 倍液预防虫害。白天温度控制在 22℃左右，夜晚 18℃ ~20℃，空气相对湿度 70% 左右。苗期浇水注意“见干见湿，浇水必透”，浇水时最好使用干净的喷雾器淋水，方便均匀。种子一般 5 d~7 d 出土，这时注意拉开遮阳网进行适当避光。20 d~25 d 真叶可长至 2 片，叶片泡状细胞较密，这时要控制温度不要太高，白天温度 25℃左右，减少打开遮阳网的频率和时间，增加通风通光，防止幼苗徒长和倒伏，培养壮苗。待播种后 28 d~33 d，幼苗长出 3 片 ~4 片真叶时，即可定植。

3. 生产管理

无论是土培还是水培，定植后应注意适当控水，一般在定植后 1 周内不必浇水。如果栽培期间浇水过多，不但形成的结晶颗粒减少，而且植株自身咸味变淡，会失去其独特的风味。在这种情况下，可以人为地补充食盐，一般为 500 倍液（可适当调整），以利于增加冰菜植株的咸味。冰菜不属于需肥量大的作物，土培后期不需要额外补充肥料。水培冰菜营养液宜采用循环供液的方法，每 1 h 供液 0.5 h，利于根系产生和生长，在整个生育期内不需要更换营养液，只需根据营养液浓度的变化及时补充水分和养分。

4. 病虫害防治

冰菜病虫害较少，病害主要为苗期猝倒病，虫害主要有蛴螬、蜗牛等。苗期病害以预防为主，培育壮苗，加强管理。虫害的防治宜采用物理和生物防治方法，比如人工捕杀幼虫、利用天敌等，降低食品安全的风险；如果采用化学防治方法，必须在安全间隔期内用药，使用符合无公害产品要求的产品，比如蜗牛少量时可人工捕杀，大量时可在大棚周围撒施生石灰，将蜗牛阻拦在大棚以外。

5. 采收保鲜

冰菜侧枝分生能力强，定植 35 d 左右，基部侧枝长 12 cm~15 cm，株高约 45 cm，茎粗 0.8 cm~1.0 cm 时，即可采收。冰菜采收一般在清晨进行，在离基部约 5 cm 处将侧枝剪下，侧枝剪切之后还会长出新芽，新芽会长成新的侧枝。将采下来的新鲜嫩枝装入预先准备好的容器内，然后及时进行处理。为保证冰菜在售卖时保持最佳状态，采收或装箱时要轻拿轻放，运输箱底部要预先放置一排冰袋或者自制的冰瓶（普通塑料瓶装水冻成冰瓶），冰瓶上铺几层纱布或者报纸以防冻伤茎叶，将收获的茎叶放平，以减少运输过程中的损伤，保持不变质。采收之后，及时补充营养，一般是追施 2% 水溶性肥料，因为收获后若不及时施肥，植株会生长不良，影响产量和口感。

十二、湖北地区冰菜栽培技术

1. 栽培季节

由于冰菜耐寒但对热敏感，湖北地区没有降温条件的普通塑料大棚在 6 月 ~ 8 月的高温季节不适合种植冰菜，其余月份均可安排生产。由于冰菜多为生食，为保证清洁卫生，不沾泥土，同时露地栽培存在叶片黄化、冰晶颗粒少等问题，长江流域生产上多采用大棚内地膜覆盖栽培。

为延长冰菜供应时间，湖北地区大棚冰菜生产 1 年可安排 4 茬。

（1）夏秋茬

7 月底大棚遮阳避雨播种育苗，8 月底避雨遮阳定植，9 月底到翌年 2 月底采收。

（2）秋冬茬

9 月中旬大棚盖顶膜播种育苗，10 月下旬定植到大棚，12 月上旬到翌年 4 月中旬采收。

（3）冬春茬

12 月中旬大棚电热温床播种育苗，翌年 2 月上旬大棚多层覆盖定植，3 月中旬到 5 月中旬采收。

（4）春茬

2 月 ~3 月电热温床播种育苗，3 月 ~4 月定植，4 月 ~6 月采收。

冰菜种植后可分批采收，一般 1 个月左右采收 1 次，每季可采收 3 次 ~4 次，每次每亩产量在 500 kg 左右，大棚周年栽培年产量 4000 kg~5000 kg。

2. 播种育苗

一般初秋温度低于 28℃或早春温度高于 15℃时就可开始播种育苗。冬春季低温采用多层覆盖保温防寒，夏季高温时应覆盖遮阳网、草帘等遮蔽阳光，降温防雨。

（1）浸种催芽

冰菜种子细小，生产上多采用育苗移栽，每亩用种量 5 g 左右。一般温度在 15℃以上即可播种，育苗温度以 20℃左右为宜。通常采用常温浸种，选择当年或上一年采收的籽粒饱满、新鲜有光泽、无病虫为害的种子，在 20℃ ~30℃水中浸泡 2 h~4 h，沥干水分后用干净湿纱布包好，放在相对湿度 65%、温度 25℃的恒温恒湿箱或相似条件下催芽 24 h，期间用常温清水将种子淘洗 1 次 ~2

次，75% 种子露白后可播种。

（2）配制培养土

选用消毒过筛的没有种过蔬菜的大田土 4 份、腐熟有机农家肥 4 份、泥炭或草炭土 1 份、蛭石 1 份，每立方米培养土中再加入氮磷钾优质三元复合肥 300 g~500 g，按比例混合均匀后装盆或装盘。

（3）播种育苗

播种时，用喷壶洒水浸湿培养土，含水量约 60%，以手抓起能捏成团、松手散开较为适宜，拌好的培养土即可装入 50 孔或 72 孔的育苗穴盘。每穴播种 1 粒 ~2 粒，播种深度不超过 1 cm，用喷雾器喷洒适量水分，再撒一薄层较细的培养土，置于苗床上。

（4）苗期管理

苗期白天温度 20℃ ~25℃，夜晚 15℃ ~20℃，空气相对湿度 70%~75%。浇水把握“见干才浇，浇则浇透”的原则。冰菜种子细小，很容易被水冲起来，采用喷雾器喷水或大棚顶部微喷灌浇水较为合适。播种后 2 d~3 d 种子出土，此时应以弱光为宜。播种后 12 d~15 d 长出真叶，颜色较子叶浅，叶表面有白色晶状物，此时应防止幼苗徒长和倒伏，管理上白天温度控制在 25℃左右，注意通风透光，促进幼苗生长健壮。播种后 25 d~30 d，幼苗 3 片 ~4 片真叶时，即可定植。

苗期生长温度以 20℃ ~25℃为宜，管理上注意 3 点：一是浇水时忌大水喷灌，最好采用喷雾式浇水；二是冬春季育苗苗床温度不宜过高，白天及时揭去棚膜增加光照，以免茎秆细弱徒长；三是夏季育苗要适当覆盖遮阳网或草帘等遮阴降温。

3. 移苗定植

（1）地块选择

冰菜宜选择在地势高燥、排灌方便、土层深厚、土质疏松的沙性土壤中种植，忌选择地势低洼、土壤黏重的田块。冰菜耐盐性强，适合在盐碱地和返碱后的大棚内栽培。

（2）整地施肥

前茬作物收获后，每亩施腐熟有机肥 2000 kg~2500 kg，氮磷钾三元复合肥（N ∶ P ∶ K = 15 ∶ 15 ∶ 15）30 kg~40 kg。施好底肥后深翻 20 cm~30 cm，使土肥混匀，耙平，作成连沟宽 1.0 m~1.2 m 的深沟高畦，畦高 25 cm~30 cm，沟宽 30 cm。

（3）定植

移栽前 1 d~2 d，铺设滴灌带、覆地膜、滴透水。选择根系发达、生长健壮、无病虫为害、具 4 片 ~5 片真叶的幼苗移栽。为方便采摘及防止后期生长空间密闭，最好采用宽沟高畦双行种植，行距 50 cm~60 cm，株距 40 cm~50 cm。栽苗时，把带土苗放在定植穴中心，注意不伤根系，覆土后稍镇压，及时浇透定根水。也可根据条件采取有机生态型无土基质栽培。

4. 田间管理

（1）设施管理

10 月中旬以后，长江流域露地夜间气温低于 15℃时，应适时扣好大棚塑料薄膜。棚膜覆盖前期，超过 28℃时应及时通风降温除湿，控制棚内白天 20℃ ~25℃，夜间 15℃ ~18℃，空气相对湿度为 60%~75% 为宜。进入 11 月露地夜间气温低于 10℃时，为防止低温影响冰菜生长需在大棚内搭小拱棚保温，但白天还是应揭开小棚膜，加强通风透气散湿。冰菜耐寒性较强，只要保持棚内温度不低于 5℃，就可继续生长。到 12 月以后，夜间温度降到 0℃以下，为避免霜冻为害，应加盖小拱棚覆盖薄膜及草帘防寒保温，以保证冰菜安全过冬，小拱棚上的薄膜和草帘要做到早揭晚盖，遇阴天或雨雪天气，薄膜白天可不揭，但草帘还是要揭开。冰菜生长过程中最忌高温高湿，温度过高往往导致冰晶颗粒减少，商品性降低。春暖后大棚内温度高于 30℃时，应及时通风换气、遮阳降温。

（2）水肥管理

定植时浇足定根水的，一般移栽后 10 d 内可不用浇水，只有在叶片略显萎蔫时才补充水分，灌水以浇透为宜。水分控制应坚持“见干见湿，浇则浇透”的原则。适度地控制水分，有利于冰菜茎、叶部位结晶体的形成，提高商品性。冰菜耐旱能力强，一般每 5 d~7 d 浇水 1 次，土壤水分保持在 70% 左右。地膜上出现积水要及时清理，否则会造成与膜面接触的茎叶腐烂。冰菜移栽后 15 d 左右，依照植株长势，可追施 1 次速效氮肥，每亩追施尿素 10 kg~15 kg，追肥后应及时浇水以利于根系吸收，提高肥效；移栽后 40 d 左右进入采收期，每采收 1 次需追施 1 次氮磷钾优质三元复合肥，每亩施用量 15 kg~20 kg。由于冰菜纤维层薄，输送水分和养分相应较慢，故追施肥料不能过浓，必须薄肥勤施。

（3）盐分管理

为提高冰菜外观品质，移栽后应及时为植株补充适量盐分，一般每月浇灌 1 次食盐水，浓度为 200 mmol/L~400 mmol/L。若试吃冰菜的咸味较淡，则可适当增加食盐水的灌溉次数。土壤栽培的若下茬不种植冰菜，收获前 1 个月停止滴灌盐水。冰菜耐盐，水耕栽培电导率 2 mS/cm 时长势良好。有机生态型无土基质栽培也可直接通过滴灌系统补给盐分。

（4）植株管理

冰菜多为生食，为保证产品清洁卫生，应减少茎叶与土壤接触，可搭架栽培。操作时在畦两端立桩拉线，沿垄每隔 1 m 插 1 根竹竿，用细绳把冰菜茎秆两边拦住，既防止植株倒伏，又利于通风见光，增强光合作用。移栽 30 d 后，应及时摘除冰菜下部的大片老叶，以利通风透光，并防止老叶腐烂引起病害。栽培过程中适时进行整枝，降低密度，可促进植株生长健壮。冰菜移栽后，一般种植 2 个月至 3 个月就会开花，蕾期摘除花蕾，可以延长采收期。冬季棚内如果能够确保温度在 5℃以上，植株就不会枯萎，翌年仍可继续生长、收获。但是开花后的植株会出现枯萎现象，所以越冬的植株一定要将花芽摘掉，以确保来年正常生长。

（5）中耕管理

冰菜生长较快，但前期仍易滋生杂草，需经常中耕除草，以免影响冰菜的生长，可结合中耕除草疏松土壤，促进冰菜根系生长。冰菜根系分布较浅，主要在 5 cm~15 cm 土层，中耕宜浅耕，尽量少伤根系。覆盖黑色地膜也可有效防除杂草。

5. 病虫防治

冰菜为直接采摘食用的蔬菜，病虫害防治方面注重“预防为主、综合防治”，应尽量减少喷洒农药。温室、大棚利用防虫网进行物理隔离，悬挂黄板、蓝板进行诱杀可有效防治蚜虫、蓟马和烟粉虱等害虫。病害主要是猝倒病，主要集中在育苗期和生长前期，多由植株过密、湿度过高、通风透气不畅引起，可通过合理密植、加强通风除湿等有效控制，并及时摘除发病叶片，以防病菌传染。

6. 采收

定植大约 1 个月后，植株进入快速生长期，侧枝抽生速度非常快，即可进行采收。冰菜植株茎叶柔嫩，采收时，要注意轻剪轻放，避免植株损伤或破坏冰晶颗粒。在采收枝条的第 1 节位处留 1 对功能叶，以保证后续次级侧枝萌发。采摘要结合整形，优先采收生长密集处的侧枝，去除下部老弱病叶，适当疏除部分过密侧枝，避免透气性差导致植株细小。及时采收有利于促进分枝萌发，且可延长采收时间。尽量在早上或傍晚气温较低时采收，条件允许的情况下，及时预冷，低温保存以延长供货期。一般 0℃ ~5℃冷藏条件下可保存 5 d~7 d。采后放入塑料筐内，及时食用或装箱。装箱前在泡沫箱底部平放冰瓶（用普通塑料瓶子装水冷冻结成冰），用报纸包住冰瓶以防止冻伤茎叶，平放茎叶以避免运输过程中损伤，保持不变质。采收或装箱时轻拿轻放，保证不损伤茎叶。

7. 留种

目前，冰菜还没有形成栽培品种，引进的资源可自行选择留种繁殖。冰菜开花期如果要采集种子的话，可以人工辅助授粉，但是开花会对冰菜的生长产生一定影响，显著降低株茎生长势和食味品质。因此，将育种和栽培分开进行为宜。选择性状优良的单株作种株，供给充足的肥水，促进生长，并适当疏花以利于种子的营养供应，待种子囊变成紫红色时收种。采收时将整个种子囊采下，晒干后用手搓开分离种子，选取饱满、圆润、色深的种子于通风干燥处贮藏备用。

十三、江西地区冰菜栽培技术

1. 育苗技术

（1）播种

9月上中旬，气温稳定在15℃~28℃时为播种育苗最适期。大棚白天覆盖遮阳网，遮阴降温。

（2）浸种催芽

冰菜种子太小，宜育苗移栽。每亩用种量5 g左右。种子在20℃~30℃水中浸泡4 h左右，沥干水分后即可播种。

（3）育苗基质配制

选用泥炭或草炭土5份、蛭石4份、商品有机肥1份，混合均匀，喷水调湿，含水量60%左右，装入育苗托盘，厚度4 cm左右，抹平压实。每亩栽培槽需2.5 m^2育苗面积，约10个托盘。

（4）播种育苗

将浸好的种子与干育苗基质（种子量的5倍）混匀，均匀撒于上述育苗托盘基质上，再撒一层干育苗基质盖种，厚度不超过1 cm，播种量为0.5 g/盘左右，最后用喷雾器喷洒适量水分，置于苗床，盖黑膜。

（5）出苗期管理

出苗前应以弱光为宜，几乎不需浇水，播种后5 d~6 d种子出苗。出苗后，揭去黑膜，换用遮阳网遮阴，基质见干时用喷雾器细雾喷，切忌大水。播种后12 d左右，长出2片~3片真叶，分苗假植到穴盘。

（6）分苗

用镊子将小苗带基质从托盘上取出，假植到已装好育苗基质并浇透水的50孔育苗穴盘。刚移栽的苗子用遮阳网遮阴2 d~3 d。苗期不宜经常浇水，见干见湿，否则容易暴发猝倒病。假植后7 d喷30%甲霜·噁霉灵水剂1000倍液预防猝倒病。

2. 基质及栽培槽准备

（1）栽培槽制作

定植前10 d耕整大棚，按1.0 m槽距，挖口宽40 cm、底宽和高均为25 cm的栽培槽，横断面为等腰梯形，槽间60 cm为过道。由于冰菜土传病害少，故栽培槽采用开放式，即栽培基质与土壤不隔离，全棚所有栽培槽一头均安装水肥一体化滴灌系统。

（2）栽培基质配制与栽培槽进料

选择已堆积6个月以上的中药渣（新鲜药渣加酵素菌或芽孢杆菌发酵好后才能利用）7份，非菜地沙壤土2份，商品生物有机肥1份（即发酵中药渣：非菜地沙壤土：生物有机肥＝7∶2∶1，体积比），再加入基质质量0.2%的45%硫酸钾型复合肥，混合均匀，喷水调湿至含水量约40%，拌好后pH5.8~6.5，之后运入槽内，抹平压实，厚约15 cm，铺设滴灌带、浇透水，待栽。

3. 田间管理

（1）起苗移栽

假植30 d左右，当苗有3对叶片时定植。株距30 cm，行距就是槽间距60 cm，为了便于管理，大小一致的幼苗尽量移栽到一个区域，并及时浇透定根水。栽后2 d~3 d内关棚保湿。

（2）温度管理

返苗后，基本不需关棚，边膜也要上卷，让其自然生长，冰菜耐寒性较强，只要保持棚内温度不低于5℃，就可继续生长。当气温低于15℃时，边膜也要放下，白天有太阳不需关棚门，让其通风透气降湿，晚上关棚门。冰菜生长过程中最忌高温高湿，温度过高往往导致冰晶颗粒减少，商品性降低，当气温高于 28℃时，应及时通风降温除湿。

（3）水分管理

冰菜耐旱能力强。一般移栽后 10 d 内可不浇水，只有在叶片略显萎蔫时才补充水分，以浇透为宜。温度低时缺水，中午开滴灌浇水；温度高时缺水，晚上开滴灌浇水。适度控制水分，有利于冰菜茎、叶部位冰晶颗粒的形成，提高商品性。

（4）肥料管理

采收前，一般不施肥，只浇清水，移栽后 40 d 左右，进入采收期，每采收 1 次需追施 1 次可溶性肥料（N ∶ P ∶ K = 20 ∶ 20 ∶ 20），随滴灌施入，每亩施用量 10 kg~15 kg。由于冰菜纤维层薄，输送水分和养分相应较慢，故追施肥料不能过浓，必须薄肥勤施。

（5）病虫害管理

新引种区冰菜病虫害很少，一般不需防治。冰菜主要病虫害有蚜虫、金龟子、粉虱、蓟马、烟粉虱、猝倒病等，为了食用安全，一般采用绿色防控技术。如防虫网阻隔害虫，黄板诱杀蚜虫、粉虱，蓝板诱杀蓟马，以及人工捕捉金龟子等方法控制虫害的发生。加强育苗和栽培基质（或土壤）消毒和大棚通风透气等方法防止病害的发生。

（6）采收及运输管理

冰菜播种后 2 个月即可采收，生长盛期每 15 d 左右即可采收 1 次。产品为嫩梢，也可以是嫩叶，要求嫩梢长 15 cm 以上、脆嫩多汁未纤维化为合格商品。一般选择早晨温度较低时进行采收，采收后及时上市。及时采收，以免嫩枝下部纤维老化影响口感和品质。采收时要轻拿轻放，嫩梢和嫩叶需分别收获包装。冰菜对运输条件要求较高，运输途中不能有任何碰撞和挤压。若长途运输需低温保鲜，保持产品鲜脆。

十四、河南地区冰菜栽培技术

1. 土壤条件

土壤要求土层深厚、排水良好的轻壤土和中壤土，土壤有机质质量分数8mg/kg~18 mg/kg，土壤 pH7.5~8.5。

2. 品种选择

选择高产、优质、抗病虫、易干叶片较小的优良品种，推荐使用非洲冰草等品种。

3. 育苗

（1）种子处理

将冰菜种子浸泡在 25℃的温水中约 5 h，能够起到催芽的作用，也是让种子更快发芽的基础。

（2）准备泥土

在准备好的栽培盆里加入草炭土，并喷入适量水，确保泥土均匀湿透，直到看到栽培盆底有少量水溢出，即可停止往泥土里喷水。

（3）播种

在已湿透的泥土上方，用一根比较细的木根均匀捅出深度为 1.5 mm 的多个浅洞，将水晶冰菜种子从水中取出，往每个洞里慢慢撒入 2 颗 ~3 颗种子，盖上盖子，不用盖紧，留下一个小缝，同时放在空气流通的地方。

（4）苗期管理

8 月中下旬开始育苗，温度控制在 22℃ ~27℃。因水晶冰菜不耐高温，故不要放在阳光直射处。待水晶冰菜长成幼苗（5 片 ~6 片叶子）时，即可移栽。

4. 定植及采收

（1）整地

水晶冰菜定植在宽 6 m、长 50 m 的镀锌钢管塑料大棚里。首先，将土地深耕 20 cm~30 cm，结合翻耕，每亩施腐熟有机肥 1000 kg、45% 三元素复合肥 50 kg。其次，整地，做 6 个高畦，畦宽 0.4 m，沟宽 0.6 m，深 0.2 m，然后将畦面耙平。

（2）定植

9 月中下旬，在畦的正中间，每隔 40 cm 栽植 1 棵水晶冰菜，栽完后及时浇少量定植水，喷一遍多菌灵溶液。第 2 d 再浇一遍水，增加苗的成活率。第 3 d 用喷雾器喷清水，将水晶冰菜叶面上的泥土冲掉。

（3）生长期管理

水晶冰菜生长期需要光照充足，温度应控制在 15℃ ~30℃。由于水晶冰菜比较耐干旱，可在土壤表面干燥时用滴灌浇水，但不能浇得过大。定植 40 d 即可采摘，第 1 次采摘后每亩及时追施尿素 30 kg。

（4）肥水管理

水晶冰菜喜肥，所以基肥一定要施足。当水晶冰菜每次采收完以后即可追施 1 次肥，每次可施用 45% 三元素复合肥，同时浇足水。水晶冰菜不耐水，移栽后浇水，以后每隔 7 d 左右再浇 1 次水，浇 2 次，以后随着温度的降低，浇水量也要逐步降低，可根据见干见湿的原则适当为水晶冰菜浇水。

（5）采收及采后处理

从定植后约 30 d 即可采收，水晶冰菜以侧枝采收为主，可多次采收。首选生长密集处，当侧枝长至 15 cm 时，从茎尖至下部 8 cm~10 cm 处将侧枝剪断，以利于下茬采收。剪下侧枝后要轻拿轻放，以减少叶片上冰粒的破损，提高其商品性，同时放入周转箱进行转运。水晶冰菜的采收时间应以上午或下午温度较低时为宜，采收后有条件的可对产品进行预冷包装，以便于储藏和运输，提高品质，提升其经济价值。

根据市场需求和水晶冰菜商品成熟度分批及时采收。收获过程中所用工具应清洁、卫生、无污染。

5. 病虫害防治

（1）农业防治

选用高抗多抗品种，实行严格的轮作制度，发病初期及时消除病株、病叶、病果，并携带出田外集中深埋或烧毁，清洁田园。

（2）药物防治

水晶冰菜在商丘市病虫害发生极少，只要注意通风降温，摘除老叶，基本无需用药。在育苗期间有猝倒病发生时，可用多菌灵预防。在虫害方面偶尔有蚜虫，为达到优质栽培的目的，采用物理防治，通过防虫网隔离、黄板诱杀来减少虫害的发生。

（3）化学防治

猝倒病、立枯病发病初期喷施 20% 噁霉灵水剂 800 倍液，或 64% 恶霜·锰锌（杀毒矾）可湿性粉剂 500 倍液，或 72.2% 霜霉威（普力克）水剂 500 倍液进行防治。病毒病于结果期喷 0.1% 硫酸锌溶液；发病初期喷 20% 盐酸吗啉胍·乙酸铜（病毒 A）可湿性粉剂 500 倍液，或 5% 菌毒清水剂 150 倍液 ~200 倍液，或 2% 宁南霉素水剂 150 倍液 ~200 倍液，每隔 7 d 喷施 1 次，连喷 3 次 ~4 次。

十五、广东地区冰菜栽培技术

1. 种植方式

冰菜属于新型蔬菜，因此其栽培方法多样。冰菜适宜栽培方式有露地、设施等，基本上所有栽培方式都可用于栽培冰菜。

2. 土壤管理

冰菜在生长中，对重金属的吸收是非常强的，所以要避免土壤受到污染，定期对土壤整地消毒。如果受到重金属污染的话，那么要及时更换土壤。另外，冰菜的种子极为细小，它的拱土能力较弱，常常会在发芽时因为土壤过硬导致无法出土或种子烂死。所以，在种植前就要选择好土壤，要求土壤要松软、透气、保湿，只有这样的土壤才适合冰菜生长。

3. 播种育苗

育苗可在室内用育苗盘装好育苗基质进行育苗，播种前先将种子用 30℃的温水浸泡 2 h~4 h，播种时在每穴内播种 2 粒 ~3 粒，如果是育苗盘则以 9 cm 为一点进行播种，同样 2 粒 ~3 粒。播种后覆一层 3 mm~5 mm 的细土，不宜过深，否则会影响其正常发芽，播种后保持温度在 20℃，不宜过高或过低，低温要想办法降温，高温时要加强通风，将育苗环境温度降低。这样不久就会发芽出苗，一般播种后 20 d~40 d 或幼苗长出 4 片 ~5 片叶时即可移栽定植。

4. 移栽

移栽起苗时，要注意不要损伤到幼苗的根系，移栽的时间也要注意，不宜在阴雨天或高温天，以免影响到移栽成活率。在种植地挖穴移栽，每穴控制株行距 20 cm × 30 cm，移栽后覆土，再浇一次缓苗水，不宜浇太多，然后将温度控制在 25℃左右。

5. 田间管理

冰菜喜光，喜欢生长在光照充足的地方，故在生长过程中，在保证温度的同时，要让其尽量能够多见光，对产量及品质都会有很大帮助。除了光照之外，还要控制好温度，冰菜适宜生长温度为 20℃ ~30℃，对于高温较为敏感，所以夏季要注意做好遮阴避阳措施，以免强光对其产生灼伤，导致死亡。冰菜比较耐干旱，所以浇水时不宜浇太多，待土壤表面干燥时再浇水。另外，冰菜病虫的抗病能力是比较强的，所以病害发生也比较少。主要会受到如蚜虫、金龟子等害虫的为害。想要达到高产优质栽培的目的，可以在周围搭建防虫网、诱虫板等进行防治。

十六、陕西地区冰菜栽培技术

1. 种苗选择

尽管有些冰菜在形态和口感上存在差异，但并非是由品种差异形成的，很大程度上取决于冰菜的栽培条件。在播种时应选择籽粒新鲜、饱满、成熟度高、无病虫害、粒度适中的种子。若直接购买商品种苗，应选择长势健壮，整齐，叶色正常，叶片数为 4 片 ~5 片，根系发达，无病虫害的种苗进行移栽定植。

2. 种植床准备

冰菜可土耕栽培，也可在钠的水溶液中进行水耕栽培，若想获得高产优质冰菜一般以水耕栽培为主。土耕栽培：栽培冰菜最好选择地势高、排灌方便、土质疏松的田块。前茬作物收获后，立即深耕土地，并耙细整平作深沟高畦，露地栽培多采用高畦多行种植，畦宽 0.9 m~1.2 m、高 25 cm~30 cm，沟宽 30 cm。整地时备足基肥，每亩用农家肥 500 kg~1000 kg、复合肥 20 kg~30 kg。水耕栽培：水培冰菜用的种植床可采用商品化的水培种植槽，也可根据生产条件自制水培槽。以自制水培槽为例，多采用地挖沟槽铺塑料膜的方式，栽培槽横截面的形状为倒梯形，上口宽 0.9 m~1.2 m，下口比上口略窄，深度 15 cm，沟底要平，避免局部积水；在栽培槽内，铺 0.1 mm 的塑料膜；在塑料膜上填充厚度约 15 cm 的炭化稻壳做基质，用脚踏实。水耕栽培还需安装滴灌设备包括动力设备、肥料罐、过滤器、水表、支管和毛管等。

3. 播种或育苗

冰菜可采用种子直播，也可采用穴盘育苗。冰菜种子细小，每亩用种量约 5 g。露地直播宜在地温稳定在 15℃以上时进行，播前 1 d 在畦上浇足水，按 15 cm × 15 cm 的株行距挖穴播种，每穴播 4 粒 ~5 粒种子，覆土 1 cm。穴盘育苗如果是冬季或早春，最好在温室或塑料大棚进行，育苗温度以20℃左右为宜，可用常规育苗基质，选择128孔穴盘，每孔点播2粒种子，最后覆基质1 cm，浇水保湿。播种后，一般8 d左右可以出苗。出苗期光照以弱光为宜，后期可给予充足光照，温度应控制在15℃ ~25℃之间，水分控制应把握“见干才浇，浇则浇透”的原则。

4. 间苗或定植

直播田出苗后要及时间苗，做到早间苗、迟定苗。间苗要在4片 ~6片真叶时进行，选留壮苗，间去病、弱、小苗；6片 ~8片真叶时定苗，每穴留苗2株。穴盘苗在播种后20 d~30 d，一般长出第4片 ~6片真叶时，按照株行距10 cm × 10 cm挖穴进行单苗定植。若土耕栽培，需提前1 d将种植床浇足水；若水耕栽培，应提前1 d通过滴灌设备用清水将栽培基质充分浸透。

5. 田间管理

（1）水肥管理

无论是土耕栽培还是水耕栽培，定苗后应注意控水，一般定植后10 d内不用浇水，后期应在叶片略显萎蔫时才补充水分，以浇透为宜。适度地控制水分，有利于冰菜茎、叶部位结晶体的形成，提高商品性。如果栽培期间水分过大，则形成的结晶颗粒少，作为食材自身咸味淡、口感差。土耕栽培在后期不需要补充肥料，仅依靠底肥就能满足生长需要。水耕栽培后期应每15 d左右结合浇水补充液体肥料（肥料中应含有N、P、K及微量元素），浓度以2%左右为宜。

（2）温度和光照管理

冰菜生长适宜温度为15℃ ~30℃，夏季露地栽培应考虑搭遮阳网以达到降温的目的，设施栽培应注意及时通风降温除湿。冰菜喜光照，在整个栽培期间，在保证正常的环境温度下，应尽量让植株多见光。

（3）盐分管理

要想获得优质冰菜，在定植缓苗后应及时为植株补充盐分，约1个月补充1次。用粗盐或食盐配制成水溶液，第一次应使用浓度为200 mmol/L NaCl溶液灌根，后期逐渐将浓度增加至 400 mmol/L，若下茬不种植冰菜，应在收获前 1 个月停止补充盐分。水培可直接通过滴灌系统补给盐分。

6. 病虫害防治

冰菜病害较少，主要虫害有蚜虫、白粉虱和金龟子等。优质高产栽培中应以病虫害预防为主，尽量不要使用农药。虫害以物理防治为主，通过搭建防虫网，悬挂黄、蓝粘虫板等进行防治。设施栽培注意勤通风除湿，以降低真菌性和细菌性病害的发病机会。

7. 产品采收

冰菜播种后约两个月即可进入产品的收获期。冰菜分枝性强、侧枝多，在收获时，结合整形进行采收，待侧枝长约 10 cm 时，选取生长密集处的侧枝，自茎尖向下约 8 cm 处用剪刀将侧枝径向剪断，采收后如果有条件最好进行预冷包装，以利于储藏和运输。

十七、北京地区冰菜日光温室无土栽培技术

1. 栽培时间

冰菜生长周期为 6 个月至 10 个月，环境条件适宜的棚室可以进行周年生产。播种到采收 50 d~60 d，若 9 月播种，10 月底前即可采收上市；12 月播种，则春节前后可采摘上市。冰菜不耐高温，种植时尽量避开夏季高温时期，其他时期均可种植。北京地区日光温室种植表现良好，生长健壮，可连续采收。

2. 播种育苗

（1）基质准备

可用成品育苗基质，也可自行配备。成品育苗基质杂质多、草籽多、吸湿性差，建议选择进口 PINDSTRUP（品氏基质）或 Floragard 育苗草炭（0 mm~10 mm）。先将压缩草炭搅碎，每 1 m^3 草炭加入蛭石 0.3 m^3、珍珠岩 0.3 m^3、复合肥 1 kg、50% 多菌灵可湿性粉剂 100 g，混匀后洒水，使含水量达 60%，反

复翻倒后用塑料膜覆盖，闷 1 d 备用。

（2）穴盘育苗

9 月初用穴盘播种育苗，选择 72 孔穴盘，装入准备好的基质，刮盘、压穴，穴深 0.5 cm。冰菜种子细小，每穴播 2 粒 ~3 粒，然后覆盖一层薄蛭石，不能过厚，否则影响后期出苗。播后浇透水，注意水流不能过大，否则易把种子冲走。浇水后覆盖白色地膜保温保湿，播后温度控制在 20℃ ~25℃，如温度过低或过高会降低发芽率。播后 2 d~3 d 即可出苗，出苗后揭去塑料膜。

（3）直播育苗

除穴盘育苗外，还可直播育苗，在控根容器内填入混合基质，提前 1 d 浇透水。冰菜种子细小，可掺入细沙混匀后撒播，播后耙平即可。温度条件合适，2 d~3 d 即可出苗。长出 2 片 ~3 片真叶时即可间苗，每 10 cm 留 1 株苗，当长到 8 片 ~10 片真叶时再间苗 1 次，每 30 cm 留 1 株。

（4）苗期管理与注意事项

冰菜苗期要给予充足的光照，温度控制在 20℃ ~25℃，水分管理把握“见干见湿”的原则。注意防止产生徒长苗，以免影响后期产品产量和质量。幼苗徒长主要是光照不足、夜间温度过高、氮肥和水分过多等造成。

3. 定植

（1）定植前准备

温室长 50 m、宽 8 m，控根容器南北走向，长约 6 m、宽 40 cm，控根容器间距 70 cm，基质配比为草炭：蛭石：珍珠岩＝ 3 ： 1 ： 1，每 1 m^3 加入有机肥 10 kg、复合肥 0.5 kg，搅拌混匀后装入控根容器。提前 1 d 将基质浇透水，并铺设滴灌带，孔距 30 cm。

（2）定植

9 月底至 10 月初定植于控根容器，一般于播种后约 30 d，最早不少于 20 d，选 3 片 ~4 片叶的幼苗。定植过早根系未盘好土坨，缓苗慢；过晚则影响早期产量。带土坨移栽，单行定植，株距约 30 cm，定植在滴灌带滴水孔附近，每个控根容器定植 20 株。定植后灌水 30 min。定植后如遇连阴天或水分过大，会有死苗现象，所以定植前要查看天气，避免缓苗期遇连续阴天，并控制基质含水量。为不影响后期产量，如发现死苗要及时补苗，使冰菜苗生长一致。

4. 日常管理

（1）温度

冰菜可在 –5℃ ~30℃的温度条件下生长，最适温度为 5℃ ~25℃，超过 30℃则叶片瘦小、老化快，产品商品性不佳，品质下降，但可促进植株开花结果。

（2）光照

冰菜对光照要求不严格，喜光也耐阴。北京地区日光温室冬春茬，可以完全满足其全生长期光照需求。光照条件好，叶片较大、肥厚，茎秆粗壮，商品品质好；光照条件差，叶片瘦小，分枝短，产品品质差；但若光照过强，叶边缘会变红老化，影响商品品质。

（3）水肥

冰菜较耐干旱，怕涝。定植后浇水不宜过多，一般在基质表面干燥时浇水，浇水宜选晴天。每周浇 0.1% 平衡水溶肥液 1 次即可满足其对肥料的需求。

（4）病虫害防治

冰菜少有病虫害，但在温室种植前期会出现菜青虫为害，用生物农药苦参碱防治 2 次后，一般不再发生。偶有蚜虫为害，可喷施 10% 氟啶虫酰胺水分散粒剂 1500 倍液防治，防效较好，连续喷施 2 次后不再发生。

5. 收获及运输

冰菜播种 2 个月，即定植 1 个月后即可初次采收。冰菜侧枝多，茎柔软，具连续采收性，可一直采收至翌年 5 月中下旬，温室栽培每亩产量 2500 kg~3000 kg。生长盛期每个控根容器可采收 5 kg~8 kg，每 7 d~10 d 可采收 1 次。采收产品为嫩枝，采收时下部要保留侧芽，使形成侧枝。收获时要轻拿轻放，保护好腋芽，避免碰撞。注意及时采收，否则老化后影响口感和品质。一般选择清晨温度较低时采收，采收后及时上市。采收后有条件的可对产品进行预冷包装，以便储藏和运输。

6. 种子采收

如要采集种子，可在花期进行人工辅助授粉（冰菜为异株授粉）。夏季少浇水，高温干旱有利于冰菜开花结果。一般 9 月播种，翌年 5 月即可开花，7 月底种子成熟即可采收。

十八、宁夏地区冰菜栽培技术

1. 种植时间

冰菜耐干旱、耐瘠薄、耐盐碱，不耐热，白天温度 20℃ ~30℃，夜间 10℃ ~15℃均能适应生长，宁夏地区栽培的适宜时间 8~9 月。

2. 选地整地

根据 NY/T 5010—2016 无公害农产品种植业产地环境条件，选择周边无污染源、空气清新、水源清洁、灌溉水符合农用灌溉质量标准，土壤无农药残留、肥力适中、排灌方便的田地作为冰菜种植地。田间土壤深耕翻犁前施足底肥，每亩施 2000 kg 腐熟的有机肥，25 kg 复合肥。

冰菜整地要点：将田地整平，按高 25 cm、宽 1.0 m 整畦面，沟宽 30 cm，按株行距为 40 cm × 30 cm 种植，每亩种植 3500 株 ~4000 株。

3. 育苗移栽

播种育苗：采用 72 孔穴盘育苗，育苗基质主要由泥炭土、珍珠岩、蛭石组成，育苗温度控制在 20℃左右。

定植移栽：待冰菜苗长到 4 叶 1 心时开始定植，于晴天下午选择健壮、无病虫害幼苗，连根带土移栽到田间，每穴 1 株，定植后浇足定根水。移栽后若连续晴天，则上午需浇水缓苗。

4. 田间管理

冰菜整个生长过程耐瘠不耐渍，浇水方式宜采用滴灌，坚持见干浇水原则，多雨天气应及时排除田内积水。冰菜采收前一般不施肥，采收 3 次后结合中耕除草追施 1 次复合肥（三元复合肥 15 kg/ 亩），以后根据采收及生长情况及时追肥，以使植株不出现褪绿为准。

5. 病虫害杂草防治

杂草不仅滋生病虫害，还与冰菜植株争吸土壤养分，应及时人工去除或机械割除。冰菜若田间管理到位，病虫害相对较少。虫害以物理防治为主，通过搭建防虫网，悬挂黄、蓝粘虫板等进行防治。

6. 适时采收

根据品种特性，一般侧枝长到 10 cm 时即可采摘，应及时采收冰菜嫩茎叶，用剪刀将侧枝径向剪断。采收后置于泡沫箱中，鲜售需注意防碰损，否则影响商品价值。

南方沙壤土种植

北方沙土种植

第五节　种子采收技术

一、常规采种技术

冰菜花期一般为 1 个月左右，花瓣线形，果实为蒴果。留种时选取生长优良的单株植株进行人工授粉，并适当疏花以保证种子充分发育。另外，留种期间应保持水肥正常并适当加强营养物质及微量元素的供给。待花瓣凋谢后，种子囊逐渐成熟变为紫红色时即可进行采收。采收时将种子囊摘下，置于阴凉处干燥直至可搓碎的程度，随后将种子分离并晒干后置于通风干燥处保存。

在冰菜蒴果变为黄色、含水量低于 20% 时，采收的种子发芽率最高，褐果发芽率次之，青果最差；0.7 mm~0.9 mm 大小的种子萌发率最高，为 82.3%；对蒴果进行烘干处理发现，40℃烘干 5.5 h 的蒴果易碾碎脱粒，种子含水量 7% 以下，种子发芽率 89% 以上。

二、大量获得冰菜种子的采集方法

1. 除沙

收集的冰菜蒴果置于孔径 1 mm 的网筛上，用自来水管流水快速冲洗，冲洗过程中同时晃动筛网，以去除蒴果表面的泥沙，流水流量为 0.2 L/S。

2. 打碎

取去除泥沙后的蒴果 50 g 加入 1200 mL 水中，然后置于搅拌机中，以 8000 rad/min 的转速搅拌 15 s，将蒴果表皮打碎，释放里面的种子，得到混合液。

3. 网筛

准备一个塑料盆，将 2 mm 孔径的网筛置于盆中，将蒴果破碎后混合液倒入 2 mm 网筛中，将网筛半浸于水中，用手搅拌 1 min，使黏附在蒴果表皮的种子抖落，并通过 2 mm 网筛漏入底部的盆中，取筛下的混合液，将网筛中留存的蒴果皮倒掉。

4. 淘洗倒掉液体

由于种子与蒴果皮的密度不一样，种子会沉入水底。而一些通过 2 mm 筛网流入盆中的蒴果皮碎末会漂浮或悬浮在水中，筛下的混合液静置 10 s 后，倒掉混有蒴果皮的水，只保留盆子底部的种子，底部的种子再用清水淘洗一遍，倒掉混有蒴果皮的水进一步除去小颗粒蒴果皮。

5. 去杂

将 1 mm 网筛置于盆中，将步骤 4 中的除去小颗粒蒴果皮的种子置于 1 mm 网筛中，半浸入水中，用手搅拌，使种子通过 1 mm 网筛漏入盆中，倒掉网筛中的碎屑。待盆中的种子沉底后，倒掉上部清水，只保留盆子底部的种子，得到去除杂屑的种子。

6. 晾晒与保存

将步骤 5 中得到的种子，倒在吸水纸上，摊开晾干，干燥后保存备用。

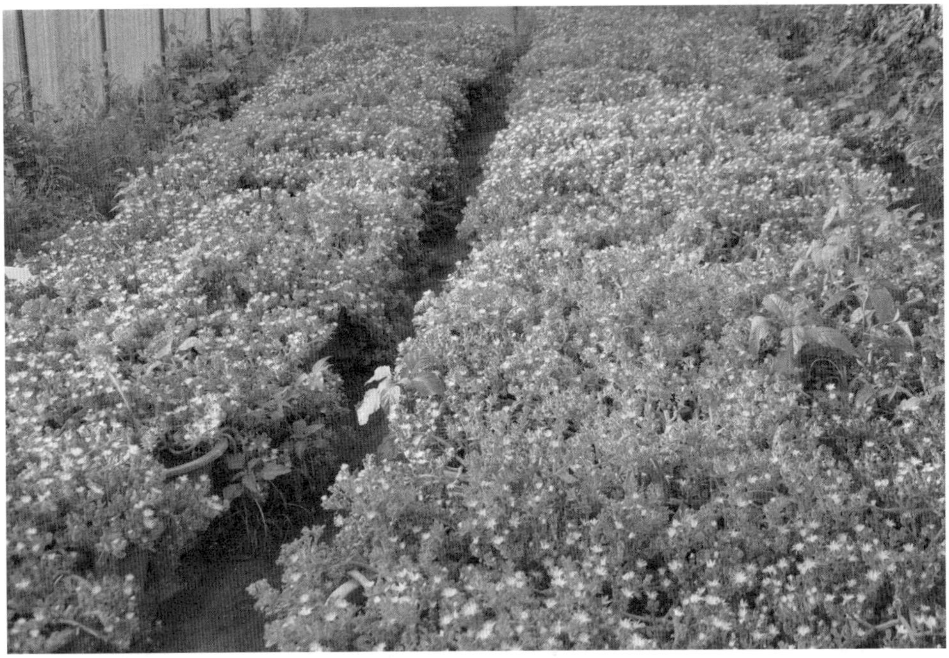

冰菜常规采种

第六节 盐碱地冰菜栽培技术

一、山东半岛地区盐碱地冰菜栽培技术

山东半岛地区三面环海，滨海区有大片盐碱性土地。传统的盐碱地治理方法是翻耕后用大量淡水泡田洗盐，但持续多年才能见效，且投入成本极高。青岛市城阳区桃源河沿岸受海水倒灌侵袭，土壤平均含盐量达 0.53%，绝大部分农作物无法生长。自 2015 年起，城阳区在盐碱地开展冰菜种植试验，成功种植出高产优质冰菜，每亩商品冰菜产量 3000 kg，市场价格为每千克 16 元 ~20 元，

经济效益较为可观。连续栽培4年后，经青岛农业大学资源与环境学院取样检测，试种地块的土壤含盐量降至0.08%~0.1%。

1. 播种育苗

（1）准备种子

目前，冰菜生产主要通过常规种子繁殖。冰菜种子细小，千粒重仅为0.15 g~0.30 g，育苗时要仔细筛选充分成熟、籽粒饱满、无病虫害、种皮黑褐色的新鲜种子。

（2）育苗方式

由于冰菜种子田间直播后，苗期环境调控难度大，间苗等操作繁琐，栽培畦土壤精细化程度很难满足种子发芽的需求，容易缺苗断垄，一般不建议采用直播方式。由于冰菜幼苗极为脆嫩，分苗假植过程中容易折断损伤，因此也不适合苗床播种方式。通常采用穴盘育苗，50孔或72孔规格的穴盘较为适宜。

（3）配制育苗基质

穴盘育苗可以使用轻质草炭土作基质，将草炭土、珍珠岩、蛭石按3∶1∶1的体积比混合，每立方米基质加入尿素1 kg、磷酸二铵2 kg、硫酸钾1 kg、50%多菌灵可湿性粉剂50 g（或用500倍液边翻堆边喷洒），混合均匀后装入穴盘备播。草炭土富含有机质，珍珠岩轻质透气，蛭石保水性能好，该基质配方可以满足冰菜苗期生长的养分需求。

（4）播种

冰菜适合春秋两季栽培。春栽于1月中下旬播种育苗，2月底定植，3月中旬至5月底收获，田间生长期短，仅3个月左右。若播种过迟，后期气温回升快，会影响冰菜正常生长，产量偏低。秋栽于9月中旬播种育苗，可以避开高温雨季，避免田间积水，10月下旬定植，12月上旬到翌年4月采收。定植前40 d播种育苗，在大拱棚或日光温室中进行，播前先用25℃温水浸种5 h，然后置于25 ℃条件下催芽，50%的种子露白后即可播种。将对应孔数的播种打孔板深度调至 3 mm~5 mm，在装好育苗基质的穴盘上按压播种穴。精选冰菜种子正常发芽率在 90% 以上，偶有缺苗影响不大，因此宜采用单粒播种，出苗后无需间苗。按用苗量的 120% 安排育苗计划，可保证足量壮苗。将催芽后的露白种子放入干燥淀粉中轻微晃动，使种子表面均匀黏附一层淀粉，彼此分离，用细孔筛筛除多余淀粉，倒入后端堵塞、前端削成尖舌形的 PVC 管中，人工用小镊子将种子逐粒拨入播种穴中央。播种后覆盖育苗基质，最后用细孔喷壶淋洒浇水，避免将种子冲出，以浇透且穴盘底孔无水流出为宜。发芽期注意保温保湿，播种后 7 d~8 d 开始出苗，一般 12 d 内出齐苗。低温季节育苗要采取增温措施提高温度。出苗后去掉保湿遮盖物，给予充足光照，避免幼苗徒长。苗期温度控制在 15℃ ~25℃，水分控制按照“见干才浇，浇则浇透”的原则，定植前 1 周停止浇水进行蹲苗，促进须根发育成团，便于取苗定植。

2. 整地定植

（1）地块选择

冰菜喜光照充足、通风良好的环境，应选择土质疏松、排灌方便的沙壤土地块作为定植田，忌选地势低洼、常年积水、土壤黏重的地块。因冰菜忌涝，为避免降雨造成的积水涝害，宜选用冬暖温室、大拱棚等保护地设施栽培。

（2）整地做畦

整地前每亩撒施农家肥 3000 kg、三元复合肥（N－P－K 为 15－15－15）25 kg~30 kg，深翻土层 30 cm，整细耙平做畦，畦宽 80 cm、高 25 cm~30 cm，沟宽 30 cm。有条件的地块，可在预留栽培畦下方开沟，沟深 30 cm~35 cm，铺入 5 cm~10 cm 厚的农作物粉碎秸秆，再回填做畦，可有效改善土层透气性，使多余的灌溉积水下渗，避免冰菜沤根，秸秆发酵分解后可为耕作层增加有机质。

（3）定植

定植前在每条畦上平行铺设 2 条滴灌带，可覆盖地膜控制杂草生长，地膜边缘要压实。选择长势健壮、无病虫害、根系发达、无残断茎、具 4 片 ~5 片真叶的冰菜幼苗定植。采用双行定植，株距 35 cm~40 cm，行距 40 cm~50 cm，每亩定植约 3500 株。定植后开启滴灌设施，浇足定根水。

3. 田间管理

（1）水肥管理

冰菜适应性强，田间管理相对简单。定植后注意控水，一般定植后 10 d 内无需浇水，后期叶片略显萎蔫时再滴灌补水，浇则浇透，以畦面湿润、沟底无渗出积水为宜。适度控水有利于茎叶形成均匀的含盐液泡，提高商品性。如水分过多，形成的液泡颗粒较少，口感差。生长期一般不需要追肥，依靠底肥即可满足冰菜生长需要。

（2）温度光照管理

冰菜生长适温为 15℃ ~25℃，高温期应加强遮阳通风，降温除湿。低温越冬季节，夜间及时加盖保温被、草帘等保温设施，设施内温度维持在 7℃ ~8℃。冰菜喜光照充足，整个生长阶段尽量保证充足的光照。

（3）病虫害防治

冰菜病害发生概率较低，虫害主要有蚜虫、白粉虱和金龟子等。可悬挂黄色、蓝色粘虫板防治蚜虫和白粉虱，棚室通风口处加设防虫网、杀虫灯等防治金龟子。冰菜进入收获期后，基本上每天都要采收，无法避开农药安全间隔期，因此不可使用农药进行化学防治。

4. 产品采收

冰菜定植后 30 d~40 d、匍匐侧枝长 10 cm~15 cm 时即可采收。选择生长较为密集的侧枝，自茎端向下 8 cm~10 cm 处用剪刀剪断，枝条基部需保留 1 对功能叶片，以保证叶腋处可萌发次级侧枝。采收后及时销售或食用，有条件的最好先进行预冷处理，以利于保鲜和贮运。

5. 留种

种植者可以自行留种繁殖。选择长势健壮的优良单株作留种株，保证充足的肥水供应，促进蒴果发育。适当疏花，以利于种子籽粒饱满。当花瓣脱落，蒴果变为黄色，含水量在 20% 以下时，采收的种子发芽率最高。采下的蒴果在 40℃烘箱中烘干 5 h 后，搓开分离种子，再用孔径为 0.7 mm~0.9 mm 的网筛筛选。种子置于密闭玻璃或陶瓷容器中保存，翌年可保持 90% 左右的发芽率。

二、利用冰菜轮作辅助解决土壤盐碱化的方法

1. 播种育苗

将潮湿育苗基质与冰菜种子搅拌均匀并撒到平托盘基质内，播种量为 1.1 g/m^2~1.3 g/m^2，然后再覆盖一层基质，覆盖原则为将种子盖住，接着进行喷水，最后铺设地膜，育苗温度为 17℃ ~19℃。

2. 移栽

待冰菜苗长出 1 对叶片时，将其移栽至 50 或 72 孔的育苗穴盘中，移栽过程中，确保冰菜苗根部连带基质一起取出，苗期生长温度为 21℃ ~25℃。

3. 定植

待冰菜苗长出 4 片 ~6 片叶片时即可进行定植。在定植前 6 d~8 d，向每个育苗穴盘中放置 16 g~20 g 磷肥，并浇灌适量水，使磷肥化解，促进根部吸收。选择长势健壮、生长整齐、根系发达且无病虫害的幼苗进行定植，同时覆盖地膜，生长温度为 16℃ ~30℃，定植株距按照 30 cm × 30 cm 阵列种植。

4. 田间管理

在生长期，供给足量的肥料、水分和盐分，同时进行病虫害防治，成熟后进行收割。在生长期，地膜上出现积水要及时清理，叶片定植初期，喷 1 次 ~2 次 0.2% 磷酸二氢钾叶面肥，定植成活 2 周后，依照植株长势，追施 0.01 kg/m^2~0.02 kg/m^2 尿素，并及时浇水以利于根系吸收。害虫防治可通过搭建防虫网、悬挂捕虫灯等进行，杜绝农药污染。

5. 作物轮作

可按照农作物A—冰菜两年轮作、农作物A—农作物A—冰菜—冰菜四年轮作或是农作物A—冰菜—农作物A—冰菜四年轮作进行种植。

冰菜盐碱地种植

冰菜轮作辅助解决土壤盐碱化

第七节　无土栽培营养液配方与管理

无土栽培技术中的营养液，主要是按照科学的配比，将作物生长发育期间所需的各种元素与微量元素，均匀地溶解于水中，配制成特殊的水溶液。与此同时，营养液的配制及管理是常规土壤栽培与无土栽培之间最大的区别。在具体实践中，由于营养液的配制与管理过程，不仅会对作物的生长发育及实际产量产生较大的影响，而且与肥料成本能否降低、经济效益能否提高密切相关。

一、营养液的配制

1. 营养液配方的确定

营养液配方主要是指作物在营养液中可正常生长发育，且能够保证高产量的前提下，对植株展开营养分析，深入了解与掌握作物对各种元素及微量元素的吸收情况，利用不同元素的总离子浓度与离子间的不同比率配制出更加科学的营养液。在此基础上，根据作物栽培结果，对营养液的组成成分进行调整与完善。

表 14　冰菜无土栽培配方　　单位：mg/L

类别	营养液成分	含量
大量元素	H_8CaNO_7	472
	KNO_3	267
	NH_4NO_3	53
	KH_2PO_4	100
	K_2SO_4	116
	$MgSO_4 \cdot 7H_2O$	246
微量元素	$FeSO_4 \cdot 7H_2O$	13.9

续表

类别	营养液成分	含量
微量元素	$C_{10}H_{14}N_2Na_2O_8$	12.5
	H_3BO_3	2.86
	$MnSO_4$	2.13
	$ZnSO_4$	0.22
	$CuSO_4$	0.08
	$H_8MoN_2O_4$	0.02

2. 营养液的配制程序

（1）配制微量元素母液

当 pH 过高时，Fe 就极易变成一种不可溶性的沉淀物。因此，为了有效防止 Fe 沉淀，就要使用螯合铁（由硫酸亚铁与 EDTA 二钠盐混合配制）单独进行保存。其他微量元素需要在溶化后混合保存。并且要配制出每次仅可供 10 t 或者 20 t 营养液所需的微量元素母液与螯合铁。

（2）加水、调酸

将一定量的水倒入营养液槽中，使用浓硫酸将水的 pH 调节至 6.0 左右。准确称取含有大量元素的肥料，将其充分溶解后，倒入营养液槽中。按照科学的比例，加入适量的微量元素母液与螯合铁，充分搅拌均匀。使用电导率仪与酸碱计对营养液的电导率与 pH 进行测定，检查其是否符合相关要求。

二、营养液的管理

1. 水位调节

首先，要使用可活动的塑料水管，将水培水位装置安装在栽培槽尾部，确保其可以调高或是调低，并且也可以将其当作清槽时的排水孔。其次，定植板与营养液面之间需留下一定的空隙，不能直接接触，避免定植杯被全部浸没。一旦定植杯被浸没，生长于杯面的作物就会因根颈部无法接触空气而逐步腐烂。这是因为作物的根颈及裸露在空隙中的根，可以通过呼吸氧气，满足其日常生长所需的氧气。最后，由于生长在营养液中的根没有根毛，十分耐浸；裸露在空气中的根会产生根毛，十分不耐浸，这就需要栽培人员根据栽培槽调整水位。在刚定植时，将水位调整至水深 10 cm 的高度，确保液面能够达到定植杯的 1 cm~2 cm，待作物长出大量根后，就可将水深调整到 7 cm~9 cm。同时，要保证营养液面正好达到杯底。此外，在进行基质栽培时，栽培槽的底部一定要留出回水口与回流管道连接。其中，回水口要使用 2 层 ~3 层纱网进行密封，并且要做好营养液过滤工作，避免回水管堵塞。

2. 营养液的循环

因作物根系的发育需要充足的氧气，否则就会对作物根系发育产生不利影响。为此，在实际管理中，要使用水泵抽取的方式来保证营养液的循环流动，增加营养液中的溶解氧，以此来维持植物的正常生长与发育。在一般情况下，要在每日的上午和下午分别打开抽水泵循环 2 h~4 h。

3. 营养液水分的补充

在无土栽培的过程中，作物生长所需的各种营养元素均来源于营养液，且每日要蒸发掉大量的水分。尤其是在天气炎热的夏天，水分蒸发量更大。因此，栽培人员在每天早上没有开启抽水泵循环之前，就要补充适当的水分，直至达到集液的刻度。与此同时，任何作物在无土栽培的苗期，都需要借助喷水这种方式来增加水分，尤其是叶菜类，需要在叶面上喷施更多的水分，否则就会因大棚内温度过高，对叶面造成灼伤。黄瓜与番茄等瓜果类作物则无须在叶面喷水，以防发生不必要的病害。

4. 营养液 pH 调节

通常情况下，多数蔬菜作物根系的 pH 均处于 5.5~6.5，且生长情况良好。

为此，营养液的 pH 也要保持在这一范围内。同时，由于 pH 会对盐类的溶解度，以及植物细胞原生质膜对矿质盐类的透过性产生一定的影响，因此要严格控制营养液的酸碱度。在一般情况下，营养液的 pH 会根据作物种类、气候、用水质量及生育时期等因素的不同而发生微小的变化。即便是在对同种作物进行无土栽培，pH 会升到 8 以上，在冰菜生长盛期，也会降低至 5.5 以下。其中，pH 上升主要受水质的影响，随着水中钙与镁浓度的不断增加，或者是以硝酸盐为氮源的营养液发生碱性反应，pH 均会上升。pH 下降，主要是因为过度使用铵态氮，导致植物茎根腐烂。为此，在无土栽培的过程中，要充分重视营养液 pH 的矫正，通过酸碱计对营养液的酸碱度进行测定，并使用氢氧化钾提高 pH，使用硝酸降低 pH。

5. 营养液的更换

营养液更换的具体时间，需要根据营养液中的养分消耗的实际情况来确定。多种资料显示，营养液投入使用 1 个月后，就要彻底更新。但在具体实践中发现，通过科学的管理，营养液的使用时间长达 3 个月至 5 个月。若营养液中出现了大量的沉淀物质，且颜色较为浑浊，有异臭味，就要及时进行更换，避免对作物生长产生不利影响。

三、无土栽培管理

1. 苗期管理

冰菜苗期的室内温度应控制在 20℃ ~25℃，将苗移至海绵中第 5 d 左右，需排空育苗盘内的水分，换成营养液。此时，需在营养液中加入营养液总量为 30% 的清水进行稀释。营养液浓度为 1.2 mS/cm，温度＜ 23℃，pH 控制在 5.7~7.5，每隔 1 h 循环 10 min，利用 LED 灯进行光照，光照循环时间需达 12 h。

在苗期，为保证冰菜正常生长，海绵需保持湿润，并留出充足空间让根部生长。在此过程中，水位会随着根部生长而下降，大约 5 d 后，苗可长出 2 片真叶，当根生长至育苗盘网部时，需更换营养液。具体操作为倒掉清水，在海绵保持干燥没有吸入水分的状态下，加入营养液，浓度需达到 1.3 mS/cm 左右，与根部保持齐平即可，确保根部能够吸收水分的同时，海绵上层保持干燥。另外，在根生长的过程中，营养液深度应以接触不到海绵为准。同时，需要观察幼苗的生长情况及根系是否健壮，详细统计发芽率与长势。观察储液桶、水泵、种植槽水位及灯光是否正常，认真检测营养液的 pH 与 EC 值，将其控制在合理范围内。

2. 定植后管理

环境条件会直接影响冰菜品质。为此，要严格调控冰菜生长过程中的环境条件。因冰菜不耐高温，一旦环境温度超过 30℃，冰菜生长就会受影响，会出现叶片皱缩、茎叶老化等情况，栽培人员需要将冰菜的生长温度控制在 18℃ ~23℃。同时，由于冰菜具备较强的耐旱能力，在水培条件下，应严格控制水分，特别是采收期，水分过多会导致冰菜的咸味变淡，且十分不利于茎部、叶部结晶体的形成，会大大降低冰菜的口感与商品性。当植株新根露出、伸长时，可逐渐将水位下调至距离海绵 0.5 cm~2.0 cm 处，以便根系进一步下扎伸长与侧根的萌发，形成茂密的根系。

冰菜正式定植后，需要每月定期更换 1 次 ~2 次营养液，营养液养分含量需始终保持一致。为促使冰菜更快地长出“冰花”，要每周经管道系统，将浓度为 1%~2% 的盐水加入营养液中。初始营养液浓度应控制在 1.5 mS/cm，中期营养液浓度应控制在 1.7 mS/cm，后期应控制在 2.0 mS/cm。确保营养液温度 $<$ 25℃，pH 保持在 5.7~7.5，并每隔 1 h 循环 10 min，同样利用 LED 灯光照，要求光照循环时间达 12 h，其间注意通风换气。

3. 采收与运输管理

冰菜采收要及时，防止因嫩枝下部纤维发生老化而影响冰菜的品质与口感。通常情况下，应在上午或傍晚温度相对较低时采收冰菜，提前将采收架子的水排干，若采收整个架子，就要关掉水循环；若采收部分层，在一代上关闭采收层的出水口。采收时动作要轻缓，对嫩梢与嫩叶分开收获、包装。一手轻拿蔬菜，一手拿剪刀自蔬菜和种植棉中间剪断，以采收侧枝为主，可多次采收。另外，对冰菜进行包装后，应将其存放在温度为1℃ ~9℃的冷库中。同时，冰菜对运输条件要求极高，不可在运输途中发生挤压与碰撞，且需低温保鲜运输，以免影响产品的鲜脆口感。

第八节 水分和盐分对冰菜生长的影响

一、干旱和盐胁迫对冰菜生长及光合特性的影响

与对照（60% 土壤持水量）相比，盐胁迫（60% 土壤持水量，0.6% 土壤含盐量）下冰菜生长最佳。旱盐互作对冰菜在 NaCl 作用下通过调节细胞抗氧化酶活性、渗透调节物质及光合效能来适应干旱逆境，表现出一定的适应性。

1. 干旱和盐胁迫对冰菜生长的影响

干旱和盐胁迫引起了冰菜生长上的差异，土壤干旱水平显著影响冰菜株高、株幅、分枝数和地上部鲜重，对茎粗、地下部鲜重和根冠比的影响不显著；土壤盐分水平显著影响冰菜株幅、分枝数和地上部鲜重，对株高、茎粗、地下部鲜重和根冠比的影响不显著；冰菜的株幅、茎粗、分枝数和地上部鲜重受干旱和盐分互作的影响。与 CK（60% 土壤持水量）相比，中度干旱胁迫（40% 土壤持水量）显著抑制了冰菜的地上部鲜重，旱盐胁迫（40% 土壤持水量，0.6% 土壤含盐量）显著抑制了冰菜的株高，盐胁迫（60% 土壤持水量，0.6% 土壤含盐量）显著增加了冰菜的茎粗，为 CK（60% 土壤持水量）的 1.23 倍，极显著增加了株幅、分枝数和地上部鲜重，分别为 CK（60 % 土壤持水量）的 1.67 倍、14.15 倍和 1.97 倍；各处理间的根冠比均无显著差异。结果说明盐胁迫（60% 土壤持水量，0.6% 土壤含盐量）引起冰菜长势最好。

2. 干旱和盐胁迫对冰菜生理特性的影响

土壤干旱和盐分水平显著影响冰菜的 POD、CAT、APX、Pro、MDA 含量；除 POD 外，CAT、APX、Pro、MDA 含量受干旱和盐分互作的影响。与 CK 相比，各处理均引起冰菜 POD、CAT、APX、Pro、MDA 增加，说明各处理均增加了冰菜叶片抗氧化酶活性、渗透调节能力、细胞膜质过氧化程度。中度干旱胁迫极显著增加冰菜叶片 CAT、Pro 和 MDA 含量，分别为 CK 的 2.57 倍、7.14 倍、4.84 倍，说明中度干旱胁迫引起冰菜叶片细胞膜质过氧化最严重。盐胁迫极显著增加了冰菜叶片 CAT 含量，为 CK 的 4.3 倍。旱盐胁迫极显著增加了冰菜叶片 POD、CAT、APX 和 Pro 含量，分别为 CK 的 2.20 倍、7.27 倍、8.41 倍、4.88 倍，说明旱盐胁迫更能增强冰菜自我修复功能。

3. 干旱和盐胁迫对冰菜光合气体交换参数的影响

土壤干旱和盐分水平显著影响冰菜 P_n、T_r、G_s、C_i；除 P_n 外，冰菜 T_r、G_s、C_i 受干旱和盐分互作的显著影响。冰菜干旱和盐胁迫处理 35 d 后，与 CK 相比，中度干旱胁迫冰菜叶片 P_n、T_r 和 G_s 较 CK 极显著降低 73.9 %、55.7 % 和 46.8 %。盐胁迫冰菜叶片 P_n 较 CK 显著提高 52.6 %，T_r 和 G_s 较 CK 极显著提高 168.9 % 和 205.0 %，说明盐胁迫增强冰菜叶片的光合作用。旱盐胁迫冰菜叶片 T_r 和 G_s 较 CK 显著降低 24.6% 和 27.2%。中度干旱胁迫、盐胁迫、旱盐胁迫冰菜叶片 C_i 均较 CK 显著提高 41.3%、41.7% 和 46.2%。

4. 干旱和盐胁迫对冰菜叶绿素荧光参数的影响

土壤干旱水平显著影响冰菜 F_v/F_m、F_v/F_o，对 F_m/F_o 不显著；盐分水平显著影响冰菜 F_v/F_m、F_v/F_o、F_m/F_o，但旱盐互作对冰菜叶绿素荧光参数无显著影响。与 CK 相比，中度干旱胁迫冰菜叶片 F_v/F_m、F_v/F_o、F_m/F_o 较 CK 降低 3.0%、7.2%、4.8%，说明中度干旱胁迫抑制了冰菜光合作用。盐胁迫 F_v/F_m、F_v/F_o、F_m/F_o 较 CK 增加 1.5%、19.6%、3.7%，说明最大量子产额、最大光合潜能和电子传输活性较强。旱盐胁迫 F_v/F_m、F_v/F_o、F_m/F_o 与 CK 差异不显著，说明冰菜在 NaCl 作用下通过调节光合作用来适应干旱逆境。

二、海水对冰菜生长、营养品质影响及叶片多胺物质耐盐响应

在海水浓度 20%、30%、40%、50%、60% 处理下，冰菜生长、营养品质及多胺含量发生变化。当海水浓度≤ 30% 时，海水对冰菜株高、根长、叶片数、叶面积及生物量影响较轻；当海水浓度≥ 40% 时，各生长指标开始受到不同程度的抑制。冰菜营养种类和含量丰富，当海水浓度≤ 40% 时，冰菜各项营养指标影响较小，其中总黄酮含量＞ 0.05 mg/g，EAA 含量＞ 8.22 mg/g；多胺是提高冰菜耐盐性的重要生理指标，多胺在海水胁迫表现为随海水浓度的增加，亚精胺、精胺含量明显增加，腐胺含量减少，能够对海水胁迫作出积极响应。当海水浓度≤ 30% 时，可以保障冰菜产量与营养品质。

1. 不同海水浓度对冰菜生长的影响

在海水浓度 20%、30%、40%、50%、60% 处理下，各生长指标出现差异变化，冰菜根长在 20%~50% 浓度海水下无差异，根长在 30% 浓度海水处理时达到最大，为 14.26 cm，60% 浓度海水处理时根长明显下降。冰菜株高、叶片数量、叶面积随海水浓度变化表现为随海水浓度的增加而降低，且根长、叶片数量在海水浓度 60% 时出现明显下降；叶面积受影响程度最大，分别在海水浓度为 40% 较≤ 20%、50% 较≤ 30%、60% 较≤ 50% 出现明显下降。冰菜根长、株高、叶片数和叶面积等生长特性对海水的耐性各不相同，海水浓度的增加对冰菜株高、叶面积的影响要强于根长、叶片数。

2. 不同浓度海水对冰菜单株质量的影响

相较于 20% 浓度海水，地上部鲜质量在海水浓度≥ 30% 出现明显下降，地上部干质量则在海水浓度≥ 40% 时出现明显下降，且地上部干质量、鲜质量均表现为海水浓度越大下降越明显。地下部质量表现为：海水浓度≥ 50% 时地

下部鲜质量出现明显下降，而 20%~60% 海水处理对地下部干质量影响不明显。不同浓度海水对单株质量的影响与对地上部鲜质量的影响相一致。干鲜比、根冠比均随海水浓度的增加而升高；海水对冰菜植株鲜质量影响大于干质量，对地上部部分质量影响大于地下部，对地上部部分鲜质量影响大于干质量。

3. 不同浓度海水对冰菜营养品质影响

除总糖、总黄酮含量随海水浓度升高而降低外，其余营养指标随海水浓度的升高呈现不同的变化。随海水浓度的增加，冰菜碳水化合物呈现先增加后降低的变化，在 40% 浓度海水下达到最大，为 2.72%，且在 20%~50% 浓度海水处理下差异不明显。粗蛋白含量和可溶性蛋白在海水浓度为 20%~40% 时变化不明显，海水浓度≥ 50% 时出现明显降低。粗脂肪在海水浓度≤ 40% 时变化不明显，在海水浓度为 50%、60% 时均出现显著降低。能量变化为先增加后减少的趋势，在海水浓度为 30% 达到最大，且在海水浓度为 30%~60% 与 20% 均无明显变化。

冰菜中含有人体 8 种必需氨基酸（EAA），各种氨基酸随海水浓度的增加，其含量变化各不相同，苏氨酸含量随海水浓度呈减少趋势，40% 浓度海水作为苏氨酸含量明显变化的分界点；缬氨酸在 20%~50% 浓度海水处理下变化不明显，当海水浓度达到 60% 时显著下降；异亮氨酸 20% 浓度海水下含量最高，海水浓度≥ 50% 时出现明显降低；苯丙氨酸在 30% 浓度海水下含量最高，海水浓度 20%~40% 变化不明显；赖氨酸当海水浓度≥ 40% 出现明显下降；色氨酸相对稳定，20%~60% 浓度海水处理下均无明显变化；甲硫氨酸受海水浓度影响最大，在海水浓度＞ 30%，其含量显著下降。不同浓度海水对冰菜维生素的影响为在海水浓度为 20%~50% 时，维生素 A、维生素 E 无明显变化；维生素 C 则在 20%~40% 浓度海水下变化不明显；胡萝卜素在海水浓度达到 40% 出现明显降低。海水浓度增加对氨基酸影响大小依次为亮氨酸、甲硫氨酸、赖氨酸、苏氨酸、缬氨酸、异亮氨酸、苯丙氨酸、赖氨酸、色氨酸，海水浓度增加对维生素影响大小依次为胡萝卜素、维生素 C、维生素 E、维生素 A。在海水浓度为

20%~40% 时，冰菜 8 种氨基酸和 4 种维生素可以维持在较高水平，且在海水浓度 20%~30% 时，整体指标含量最优。

4. 不同浓度海水对冰菜多胺含量影响

腐胺含量随海水浓度的增加而减少，当海水浓度达到 50% 时，腐胺含量较 20%~30% 海水浓度处理下明显减少，此时腐胺含量是 20% 海水浓度下 54.36%，当海水浓度达到 60% 时，叶片中腐胺含量减少到 116.552 nmol/g，仅为 20% 海水浓度下的 41.25%。亚精胺、精胺含量呈先增加后减少的趋势，其中亚精胺在 40% 浓度海水处理下含量最高，为 316.822 nmol/g，比 20% 下含量增加 37.65%；精胺含量在 50% 海水浓度下含量最高，为 62.364 nmol/g，且与其他海水浓度处理下差异显著；亚精胺、精胺含量均在海水浓度升高到 30% 时较 20% 有明显升高。冰菜叶片能对海水胁迫做出响应，且亚精胺、精胺在低浓度海水胁迫下响应明显。

三、NaCl 对冰菜生长发育及重要品质的影响

冰菜对盐胁迫具有较强的适应能力，用 0.1%、0.3%、0.5%、0.7%NaCl 分别处理 4 叶期幼苗后，冰菜株高、株幅、叶绿素含量、过氧化物酶（POD）活性、超氧化物歧化酶（SOD）活性、可溶性膳食纤维含量和黄酮含量等生理生化指标发生了变化。不同浓度的 NaCl 均能抑制冰菜植株的高度，且浓度越大，抑制效果越显著。在处理 10 d~20 d 内，除了 0.7%NaCl 处理外，其他浓度处理后冰菜株幅与对照相比无明显差异；在处理 30 d~50 d 内，0.5%、0.7% NaCl 处理显著高于对照和其他处理。植株生长前期，高浓度的 NaCl（0.7%）显著抑制了植株叶绿素含量，而 30 d~50 d 内，NaCl 浓度越高，叶绿素含量也越大。对照和处理植株的 POD、SOD 活性总体上呈先升高后降低的趋势，0.1%、0.3%NaCl 处理的植株中 POD 和 SOD 活性显著高于对照和其他处理，而 0.5%、0.7%NaCl 处理的 2 种酶活性总体小于对照。处理前期，0.1%、0.3%、0.5%NaCl 处理显著提高了植株可溶性膳食纤维含量，40 d 后，各处理的可溶性膳食纤维含量显著低

于对照植株。同时，NaCl 处理（除第 10 d 外）显著地降低了植株体内黄酮含量，各个处理在 20 d~50 d 内黄酮含量均显著低于对照。低浓度的 NaCl（0.1%、0.3%）处理有利于植株生长发育，这为扩大冰菜种植范围和利用冰菜改良盐碱土地具有重要的现实意义。

1. 不同浓度 NaCl 溶液处理对冰菜株高的影响

冰菜株高反映了植株生长发育状态，所以本研究利用不同浓度 NaCl 溶液处理冰菜植株后，研究株高的变化。不同处理的植株株高在 10 d~50 d 内均随着发育时间的延长而增加。在 10 d~30 d 内，各个浓度 NaCl 溶液处理的植株株高增加幅度显著均低于对照，并且随着浓度的增加，抑制增高效果越显著。在 40 d~50 d 内，0.1%、0.3%NaCl 溶液处理的植株株高增加幅度和对照相比不显著，而 0.7% NaCl 溶液处理的植株株高显著低于其他处理，说明高浓度的 NaCl 对植株高度生长具有显著的抑制作用。

2. 不同浓度 NaCl 溶液处理对冰菜株幅的影响

随着调查时间的推移，不同浓度 NaCl 溶液处理的冰菜植株株幅逐渐增大。在 10 d~20 d 内，0.1%、0.3%、0.5%NaCl 溶液处理的植株株幅和对照相比差异不显 著，0.7% NaCl 溶液处理显著低于对照。在植株生长到 40 d 时，0.5%、0.7%NaCl 溶液处理株幅显著大于对照和其他盐处理，0.1%、0.3%NaCl 溶液处理和对照相比差异不显著。在 50 d 时，各种盐浓度处理株幅均高于对照，并且浓度越高，幅度增加越大。

3. 不同浓度 NaCl 溶液处理对冰菜叶绿素含量的影响

叶绿素含量在某种程度上能够反映植株光合速率的大小。NaCl 溶液处理后能够影响植物叶片中叶绿素含量的变化。在 10 d、20 d 时，0.1%、0.3% NaCl 溶液处理的植株叶绿素含量和对照相比差异不显著，0.5%、0.7%NaCl 溶液处理的植株显著低于对照。30 d 以后，0.3%、0.5%、0.7%NaCl 溶液处理的植株叶绿素含量显著高于对照，而 0.1%NaCl 溶液处理与对照相比无明显差异。

4. 不同浓度 NaCl 溶液处理对冰菜 POD 活性的影响

POD 活性反映了植株对外界环境胁迫的适应性。不同处理的植株在调查的 50 d 内，POD 活性总体呈先上升后下降的变化趋势，各处理在 20 d 时达到最大值。在 10 d 时，各处理之间 POD 活性总体差异不显著，而在 20 d 时，所有浓度的 NaCl 溶液处理植株体内 POD 活性显著高于对照。30 d 以后，各个处理之间 POD 活性总体差异不显著。

5. 不同浓度 NaCl 溶液处理对冰菜 SOD 活性的影响

用不同浓度 NaCl 溶液处理对冰菜后，除对照外，各处理的 SOD 活性均呈先上升后下降再上升的趋势。对照在 40 d 时，POD 活性最大，而其他盐处理植株的 SOD 活性在 20 d 时达到最大值。10 d~30 d 内，与对照相比，0.1%NaCl 溶液处理的植株 SOD 活性显著高于对照；而 0.3%NaCl 溶液处理只有 20 d 时显著高于对照，10 d、30 d 时与对照相比差异不显著，40 d 以后，SOD 活性显著低于对照。0.5%、0.7%NaCl 溶液处理冰菜后，除 20 d 外，SOD 活性在调查天数内的其他时间均显著低于对照及 0.1%、0.3%NaCl 溶液处理。

6. 不同浓度 NaCl 溶液处理对冰菜可溶性膳食纤维含量的影响

在 10 d~30 d 内，0.1%、0.3%NaCl 溶液处理植株的可溶性膳食纤维含量均显著高于对照和其他盐浓度处理，0.7%NaCl 溶液处理的植株总体上低于对照。在 40 d~50 d 内，除了 0.1%NaCl 溶液处理的可溶性膳食纤维含量与对照无明显差异外，其他处理均低于对照，暗示 NaCl 处理能够影响植株的食用品质。

7. 不同浓度 NaCl 溶液处理对冰菜黄酮含量的影响

在 10 d~50 d 内，所有 NaCl 溶液处理后冰菜的黄酮含量均逐渐升高。在 10 d 时，0.3%NaCl 溶液处理后植株黄酮含量显著高于对照，其他盐浓度处理和对照相比差异不显著。20 d~50 d 内，对照的黄酮含量均高于所有浓度 NaCl 溶液处理的植株，并且 NaCl 溶液浓度越高，冰菜黄酮含量越低，说明 NaCl 抑制了冰菜植株体内黄酮的合成。

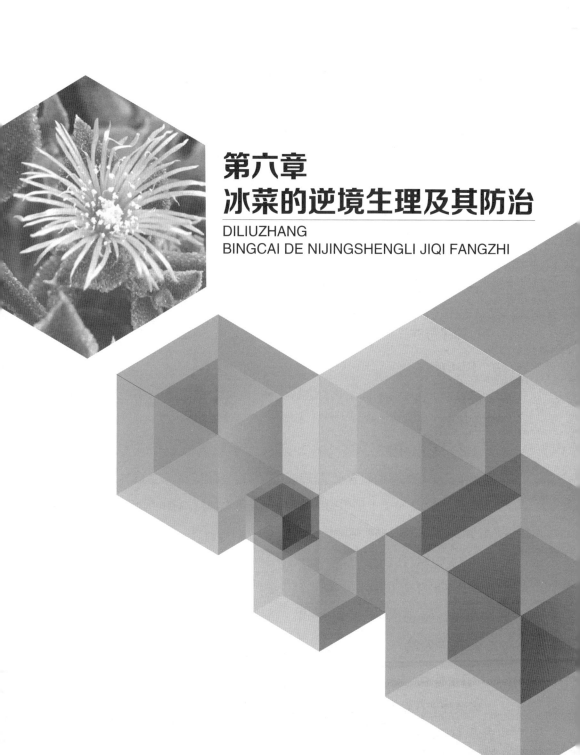

第六章
冰菜的逆境生理及其防治

DILIUZHANG
BINGCAI DE NIJINGSHENGLI JIQI FANGZHI

第一节 生理病害诊断及其防治

冰菜生理病害包括栽培生理病害和采后生理病害。栽培生理病害又称非侵染性病害，是栽培管理不当或环境条件不适而造成的。采后生理病害是指采前或采后受到某种不适宜的理化环境因素的影响而造成的生理障碍或伤害，如日灼、冷害、冻害、高温伤害、低氧伤害、二氧化碳伤害、机械伤害、氨伤害、光伤害等。冰菜的生理病害主要包括其种子、植株、采后生理病害。

一、种子生理病害诊断及其防治

1. 种子发热

（1）症状

冰菜种子在贮存期间发热，会造成种子霉烂，影响种子的生活力，降低种子的发芽率。

（2）发生原因

冰菜种子在贮存期间含水量较高；贮存环境湿度较高，造成种子吸湿返潮；种子发热，有利于种子上微生物的繁殖，使发热更加剧；种子从低温环境中取出，导致回潮，没有及时翻动晾晒种子。

（3）防治方法

在种子贮存前（特别对后熟的种子），应充分晾晒，使其含水量低于 8%；在暴晒种子后，应摊晾开，充分降温，再放冷库保存。

2. 种子发霉

（1）症状

冰菜种子在发芽期间发霉，会造成种子霉烂，降低种子的发芽率，严重时可造成育苗失败。

（2）发生原因

冰菜种子质量不高，或破籽多或种子在贮存期已发霉；发芽的种子数量过大，造成处于中心位置的种子缺氧。

（3）防治方法

选用籽粒饱满、无破损、成熟好、发芽率和发芽势高的新种子；采用温汤浸种、药剂浸种等方法进行种子灭菌处理，其中尤以温汤浸种方法简便易行、成本低，且杀菌效果好。温汤浸种一般是在播种前用 100 目尼龙网袋装种子，将种子先放在凉水中浸泡 10 min，然后放入 52℃ ~55℃的温水中浸种 10 min~20 min，并用木棒不停地快速搅拌，以使种子受热均匀；保持适宜的催芽温度，冰菜种子的适宜催芽温度为 20℃ ~25℃。

3. 种子不出苗

（1）症状

冰菜种子在播种后长时间不出苗或出苗少。

（2）发生原因

播种后病原菌为害种子而影响出苗；播种时，地温长期过低或过高，或苗床土水分过多，或苗床土缺水干旱使种子出苗受到影响；由于苗床土内施肥不当（如施用化肥或有机肥过量，或施用没有腐熟的有机肥），造成种子烧芽不能出苗；播种后覆土过厚，出苗困难，或因降雨造成土壤板结而不能出苗，或种子被老鼠扒出吃掉。

（3）防治方法

苗床应设在排水条件良好、背风向阳处；也可用穴盘育苗；如果地温过低，应采取增温保温措施；如果播种后覆土过厚，可适当切去一层覆土。

4. 种子出苗不齐

（1）症状

早出苗和晚出苗时间前后相差较大；苗床内幼苗稠稀分布不均匀。

（2）发生原因

冰菜种子成熟度不一致，或种子饱满度差异大，或种子新旧混杂等；种子催芽前吸水不足，或在催芽过程中水分、温度、空气等条件不适合，造成萌芽不齐；播种不均匀、苗床内干湿不均或温度不均、播种后覆土厚薄不均、苗床内畦面高低不平整、苗床内渗入雨水等；苗床土中掺入的化肥拌得不均匀，或因局部病、虫、鼠等的为害。

（3）防治方法

可参照冰菜种子发霉和不出苗的有关内容；整平播种畦面，提高浇水质量；覆土厚度一致。

二、植株生理病害诊断及其防治

1. 幼苗瘦弱

（1）症状

冰菜幼苗出土后，长势较瘦弱，茎叶柔嫩，有时因软化而折倒。

（2）发生原因

播下的种子种粒瘪小，或苗床内温度低，出苗时间过长等，造成种子内的营养物质不能满足幼苗生长的需求；播种后覆土过厚或覆土土质过于黏重，种子在出土过程中消耗的营养物质过多。

（3）防治方法

对选种、播种后覆土，可参照种子发霉、种子不出苗和出苗不齐中的有关内容；在冬春季地温较低时育苗，宜在温室大棚或拱棚穴盘育苗。

2. 幼苗寒根和沤根

（1）症状

①寒根。幼苗根系停止生长，无根毛发生，但根系没有腐烂、仍为白色，

只是幼苗矮小，叶片发黄、萎蔫；若时间过久，幼苗会因缺乏营养、水分而死。

②沤根。幼苗根部根皮成锈黄褐色腐烂，长期不发新根，主根和须根上无根毛、发黑，造成幼苗叶片变黄，病苗在阳光下萎蔫或叶片干枯脱落，重者逐渐萎蔫而死，如轻轻一提，沤根苗即从苗床上拔起，茎部无病变。可造成幼苗成片死亡。

（2）发生原因

①寒根。苗床内温度低于根毛生长的最低温度，造成根毛不生长。

②沤根。苗床期的幼苗遇连续阴雨天、气温下降，通风排湿差；或浇水过多，雨水灌入苗床内，造成苗床内长期高湿；光照不足或过量施用了没有腐熟的有机肥等，均易发生沤根。

（3）防治方法

在冬春季地温较低时育苗，宜在温室大棚或拱棚穴盘育苗；适量浇水，注意通风及防雨水灌入苗床内；发现沤（寒）根出现时，及时松土，或往苗床内撒一层干细土或草木灰降湿，促发新根。

3. 徒长苗（高脚苗）

（1）症状

幼苗茎秆细高、茎色黄绿，叶片质地松软、叶身变薄、色泽黄绿，根系细弱。

（2）发生原因

光照不足，氮肥和水分过多，苗床过密等。

（3）防治方法

增加光照；播种量适当，并及时间苗、分苗，避免幼苗拥挤；控制浇水，不偏施氮肥；如有徒长现象，可用 200 mg/kg 矮壮素进行叶面喷雾，苗期喷施 2 次，可控制徒长，增加茎粗，并促根系发育，矮壮素喷雾宜早晚间进行，处理后可适当通风，喷后 1 d~2 d 内禁止向苗床浇水。

4. 老化苗

（1）症状

幼苗生长缓慢，苗体小，根系老化发锈，不长新根，茎矮化，叶片小而厚，深暗绿色，苗脆硬而无弹性。

（2）发生原因

苗床水分长时间不足，或蹲苗时间过长引起的。

（3）防治方法

严格掌握好苗龄，蹲苗长短要适度；蹲苗时低温时间不宜过长，防止长时间干旱造成幼苗老化。如出现老化苗，除注意温度、水分正常管理外，可喷赤霉素 10 mg/kg~30 mg/kg，1 周后幼苗就会逐渐恢复正常。

5. 苗期生理障碍

（1）症状

受害幼苗叶片由绿色转变成红色。幼苗发生生理障碍后，不能长成正常植株。

（2）发生原因

高温干旱，光照过强，土壤板结或温度波动过大等，均可诱发此病。

（3）防治方法

加强田间管理，合理浇灌，保持土壤疏松，在高温天气，应覆盖遮阳网，避免光照过强；用高美施（有机营养活性肥料）600 倍液作叶面喷施或淋施，每 7 d~10 d 喷（淋）1 次，连续喷（淋）2 次 ~3 次，可促进幼苗根系发育，提高幼苗抗逆性。

6. 烧根

（1）症状

烧根在冰菜苗期和成株期均有发生。冰菜苗期发生烧根时，根系发干，呈黄色或铁锈色，须根少而短，不发新根，但根部不腐烂。幼苗茎叶生长缓慢、矮小脆硬，叶色暗绿、无光泽，部分子叶和真叶的叶缘抽缩。严重时造成大片幼苗死亡或全部死亡。成株期发生烧根时，根尖变黄，不发新根，前期一般不烂根，只表现在地上部生长慢，植株矮小，形成小老苗。烧根轻的植株中午打蔫，早晚尚可恢复，后期由于温度高，地下根系吸收水分不能及时补充地上茎叶蒸腾掉的水分，植株便发生干枯，其症状虽似青枯病或枯萎病，但纵剖茎部看不到维管束变褐的异常。

（2）发生原因

主要因为施用了大量未经腐熟的有机肥，特别是施用未经腐熟的鸡禽粪。但有时也会因为过量且集中施用速效化肥，加之土壤供水不足所致。

（3）防治方法

施用的有机肥，特别是鸡禽粪等一定要充分腐熟；施用的肥料一定要与土壤混匀；定植后不久发现肥烧根时，最好的办法是将苗统一移栽到行间，原来的栽培行变为新的行间；必要时分株灌入萘乙酸和2.85%硝萘酸混合液，促进新根的发生。

7. 涝害

（1）症状

受到涝害的植株发生萎蔫，轻的中午萎蔫，早晚尚可恢复，严重时凋萎死亡。

（2）发生原因

地势低洼，地下水位高，田间长时间积水，或大雨、暴雨过后，田间积水不能及时排出。

（3）防治方法

采用高畦育苗，或在苗床四周开挖排水沟；选择地势高，排水良好的地块种植，并尽量采用垄作和高畦作，雨后要及时排除田间积水，抓紧中耕松土；发现根系受伤时，要分株灌入萘乙酸和2.85%硝萘酸混合液，促进新根发生和根系恢复。

8. 连作障碍

（1）症状

在同一块土地上连续数年种植冰菜后，即使在正常的栽培管理条件下，也会出现生长变弱、产量降低、品质下降，甚至不能继续种植的现象，这种现象就是连作障碍。同时，病虫为害严重、土壤理化性质变劣、土壤生态结构被破坏等也会导致。

（2）发生原因

冰菜在生长或腐烂过程，分泌（或产生）的某些化学物质连年积累，对自身或环境中的其他植物及微生物起抑制作用，或破坏土壤团粒结构；冰菜的高产量及高复种指数，使土壤没有恢复的时间；冰菜连茬种植，造成土壤中养分元素之间不平衡。

（3）防治方法

可进行水旱轮作、粮菜轮作或不同科蔬菜之间实行轮作；合理施用有机肥和化肥，对症改良土壤。

9. 药害

（1）症状

农药造成的各类有害损伤，使蔬菜作物不能正常生长发育。常出现的损伤有种子不发芽或不能出土；幼苗叶片变白干枯坏死（以叶缘、叶尖为重）、扭曲停止生长，重者死亡；植株叶片变色发黄，或萎蔫下垂，或出现白斑、锈斑、褐斑、焦枯、卷曲畸形等；根系发育不良，落叶、落花、落果，植株生长缓慢，开花结果延迟，重者可造成枯死。冰菜风味和商品性降低。

（2）发生原因

错用了农药，或使用了伪劣假冒农药；单位面积上的用药量超过了农药（标签上）使用说明中规定的用水量；在不适宜的施药天气进行施药。

（3）防治方法

在使用（购买）农药前，一定要仔细查看农药标签上的使用说明，对症用（购）药避免使用伪劣假冒农药；要严格按照农药产品标签上使用要求，或在有经验的农技人员的指导下，准确称（量）农药，科学稀释配制农药，以正确的施药技术均匀施药；对幼嫩部位都要小心用药，以防敏感部位受药过多；风速超过微风时（最好在无风时喷洒除草剂），或在雨天，或在植株上有露水时，不能施药；若不慎发生急性型药害，可喷清水冲洗植株表面。

10. 草害

（1）症状

杂草根系发达，能够吸收大量的水分养分，使土壤肥力无效地被消耗，减少了土壤对农作物水分养分的供应。同时，杂草占据农作物生长发育的空间，降低农作物的光能利用率，影响光合作用，抑制作物生长。杂草还使田间郁蔽，给害虫产卵繁殖提供了丰富食料、产卵的场所和繁殖为害的条件；给病害蔓延提供了适宜的环境，扩大了病虫基数，加重了为害。此外，杂草滋生，增加了大田用工，提高了农业生产成本，给农业带来极大损失。

（2）发生原因

杂草具有结实力高的特性，绝大部分杂草结实力高于一般农作物的几十倍或更多，千粒重小于作物种子，一般在 1 g 以下，十分有利于传播，如一株苋菜可结 50 万粒种子。杂草的传播方式多种多样。风是最活跃的传播方式，如菊科等果实上有冠毛，便于风传；有的杂草果实有钩刺，可随其他物传播，如苍耳、鬼针草等；有的杂草种子可混在作物种子里、饲料或肥料中传播，也可借交通工具、农具等传播。

（3）防治方法

可采用地膜＋芽前除草剂，地膜不宜太薄，黑色膜除草效果更好。除草剂宜选用精异丙甲草胺（金都尔）、乙草胺，如果覆膜时已有较多杂草出土应加配草甘膦。施足底肥，平整好土地后喷除草剂，喷后约 2 h 盖膜最好，绷紧薄膜后用土压实四周。田间不覆膜的情况下，禾本科杂草 3 叶 ~5 叶期应选用喹禾灵（禾草克）、吡氟乙草灵（盖草能）等除草剂在晴天施用。结合人工松土、培土，拔除或者锄除杂草。少量杂草要在开花前拔除。

11. 营养缺乏症

（1）缺氮

①症状。初期生长慢矮化，叶色改变为绿黄不同的色度，偶尔主脉周围的叶肉仍为绿色；极度缺氮时，叶片呈浅黄色，全株变黄，甚至白化，茎细，变硬，纤维多，最后全株死亡。

②发生原因。质地粗糙的沙性土壤容易缺氮，多是因为这类土壤保肥能力差，速效氮容易流失。为防苗病而取用生土作床土。生产上常见的是土壤中施入大量未经腐熟的稻壳、麦糠、锯末等，它们在发酵过程中（微生物）大量地抢占了土壤中的速效氮而发生的缺氮现象。

③防治方法。少量多次地补施氮肥，叶面喷洒尿素 300 倍 ~500 倍液，可以迅速缓解缺氮症状。

（2）缺磷

①症状。缺磷时，茎秆细长、纤维发达。叶片变小、僵硬，叶深绿色，叶脉呈紫色。在生育初期，叶色为浓绿色，后期出现褐斑。在生长中后期，下位叶片提早老化，叶片和叶柄变黄、逐渐脱落。

②发生原因。土壤有效磷含量低或石灰性土壤磷的固定作用造成有效性低，堆肥施用量少，磷肥施用量少。地温常常影响对磷的吸收，温度低，对磷的吸收就少，大棚等保护地冬春或早春易发生缺磷。

③防治方法。可将水溶性过磷酸钙与 10 倍的优质有机肥混合施入植株根系附近，同时与叶面喷肥相结合，可喷 0.2% 磷酸二氢钾或 0.5% 过磷酸钙水溶液。维持适宜的地温。

（3）缺钾

①症状。生育前期，叶缘先轻微黄化，后扩展到叶脉间，叶向外侧卷曲，叶缘干枯；生育中后期，中位叶附近出现上述症状，叶片稍硬化，呈深绿色。

②发生原因。忽视施用钾肥是缺钾的主要原因；地温低，日照不足，湿度过大妨碍植株对钾的吸收；氮肥施用过多，发生离子拮抗作用，也会使钾吸收受阻（叶片中氧化钾含量在 3.5% 以下时易发生缺钾症）。

③防治方法。提高地温，增加光照；要根据冰菜对氮、磷、钾肥及微肥的需要，采用测土配方施肥技术，注意确定施肥量；进入采收旺盛期后及时追肥，每亩条施入硫酸钾 10 kg~20 kg，应急时也可叶面喷洒 0.2%~0.3% 磷酸二氢钾或 1% 草木灰浸出液。

（4）缺镁症

①症状。植株缺镁时，一般从下位叶开始出现症状，叶片失绿，叶缘仍为绿色。严重缺镁时，在叶脉间会出现褐色或紫红色坏死斑。

②发生原因。在采收旺盛期，植株需镁量增加，但镁供应不足，引起缺镁。连年种植冰菜地块易发病。

③防治方法。采用测土配方施肥技术，注意确定施肥量，并实行 2 年以上的轮作。

（5）缺钼症

①症状。冰菜植株缺钼时，叶脉出现黄斑，叶缘向内侧卷曲。

②发生原因。在沙质土、酸性土及多年连茬土壤上，均易出现缺钼现象。

③防治方法。在酸性土壤中施用生石灰，以改善土壤中 pH，防止土壤酸化。应急时每亩叶面喷洒 0.02%~0.05% 钼酸铵溶液 50 L，分别在苗期与采收期各喷 1 次 ~2 次。

（6）缺铁症

①症状。植株缺铁时，幼叶和新叶呈黄白色，黄化均匀，不出现斑状黄化和坏死斑，叶脉残留绿色。根也易变黄。

②发生原因。主要是在碱性土壤中磷肥施用过量，或地温低，或土壤过干或偏湿，不利根系对铁的吸收；或土壤中铜、锰过多，会妨碍对铁的吸收和利用。

③防治方法。不过量使用磷肥，适时浇水，不宜过干、过湿。土壤缺铁时，可每亩施硫酸亚铁（黑矾）2 kg~3 kg 作基肥。

（7）缺硼症

①症状。植株缺硼时呈萎缩状态，茎叶变硬，上位叶扭曲畸形，新叶停止生长，芽弯曲，自顶叶黄化、凋萎，顶端茎及叶柄折断，茎内侧有褐色木栓状龟裂。花蕾紧缩不开放。

②发生原因。主要是在沙壤土、偏碱土及酸性土上一次性施用过量石灰。或土壤干燥，或土壤中施用有机肥数量少，或钾肥施用过多等，均影响植株对硼的吸收。

③防治方法。适时浇水防止土壤干燥。不要过多施用石灰肥料，使土壤 pH 保持中性。土壤缺硼时，可每亩施硼砂 0.5 kg~1 kg 作基肥。

（8）缺锰症

①症状。植株缺锰时，新叶脉间组织失绿，呈浅黄色斑纹或出现不明显的黄斑，不久变褐色，叶脉仍为绿色。严重时叶片均呈黄白色，易落叶。

②发生原因。主要是土壤偏碱不利于植株对锰的吸收。

③防治方法。改良土壤，使土壤 pH 保持中性；土壤缺锰时，可每亩施硫酸锰或氯化锰 1 kg~2 kg 作基肥；若植株出现缺锰症状时，可叶面喷洒 0.2% 硫酸锰或氯化锰溶液。

（9）缺锌症

①症状。植株缺锌时，顶部叶片中间隆起呈畸形，生长差，茎叶硬，生长点附近节间缩短。叶小呈丛生状。新叶上发生黄斑，逐渐向叶缘发展，致全叶黄化。

②发生原因。光照过强，或吸收磷过多、土壤 pH 偏高、土壤中含磷较高等，均易出现锌缺乏症。

③防治方法。不要过量施用磷肥；土壤缺锌时，可每亩施硫酸锌 1.5 kg~

2 kg 作基肥；若植株出现缺锌症状时，可叶面喷洒 0.1%~0.2% 硫酸锌溶液。

（10）缺钙症

①症状。植株缺钙时，生长缓慢，生长点畸形。幼叶叶缘失绿，叶片的网状叶脉变褐，呈铁锈状叶。严重时生长点坏死，易发生顶（脐）腐病。

②发生原因。过量施用氮肥、钾肥，或土壤干燥、土壤或溶液中盐类浓度高，或地温低，或土壤酸性，或连茬地，均会阻碍植株对钙的吸收和利用。

③防治方法。对症采取措施改良土壤，及时浇水，提高地温，增加光照；采用测土配方施肥技术，注意确定施肥量；若植株出现缺钙症状时，可用 0.3% 氯化钙溶液或用 0.1%~0.2% 氯化钙溶液与 50 mL/L 萘乙酸溶液混合后叶面喷洒，每 3 d~4 d 喷 1 次，连喷 3 次 ~4 次。

三、冰菜嫩茎叶采后生理病害诊断及其防治

蔬菜采后生理性病害是指蔬菜采前或采后受到某种不适宜的理化环境因素的影响而造成的生理障碍或伤害，如日灼、冷害、冻害、高温伤害、低氧伤害、二氧化碳伤害、机械伤害、氨伤害、光伤害等。冰菜嫩茎叶采后生理病害主要是机械伤害、冷害、冻害、气体伤害等。

1. 机械伤害

（1）症状

冰菜嫩茎叶表面受过机械伤害后容易变褐，且易腐烂。

（2）发生原因

由于冰菜嫩茎叶脆嫩，表皮薄、含水多，易损伤，机械伤害后能产生大量的伤呼吸和伤乙烯，伤口易被微生物感染而腐烂。

（3）防治方法

在采摘、分级、包装、贮藏、运输及产品销售等过程中应尽量轻拿轻放，将损伤程度降到最低。

2. 冷害

（1）症状

冰菜嫩茎叶受过冷害后变褐、凹陷，维生素 C 迅速减少。

（2）发生原因

由于贮藏温度低于冰菜细胞液冰点，其嫩茎叶产生生理代谢失调。

（3）防治方法

入库前要将冰菜放在略高于冷害的临界温度中一定时间，可增加以后低温贮藏时对冷害的抗性；逐渐降温的贮藏方法也可减少或防止冷害；冷藏期间进行一次或数次短期的升温以减少冷害；氯化钙处理可减轻冰菜冷害。

3. 冻害

（1）症状

冰菜嫩茎叶冻害后一般表现为水泡状，组织透明或半透明，有的组织产生褐变，解冻后有异味。冰菜嫩茎叶受冻害不能恢复。

（2）发生原因

冰菜嫩茎叶在贮藏时遭到细胞液冰点以下的低温，且温度越低，组织受害越快，低温持续时间越长，受害越重。

（3）防治方法

冰菜嫩茎叶在贮藏时要注意贮藏温度，适宜温度为 8℃左右。冻结程度不深时，可缓慢升温，不搬动、移动，解冻后就不会呈现失水、褐变或异味等冻害症状。

4. 气体伤害

（1）症状

冰菜嫩茎叶表皮局部组织下陷，产生褐色斑点，或组织脱水萎蔫甚至形成空腔。

（2）发生原因

冰菜在贮运中因呼吸作用而释放的某些挥发性气体对贮藏不利，如微量乙烯、过低氧气和过高二氧化碳都可导致生理病害发生。

（3）防治方法

冰菜嫩茎叶在贮藏时要防止气体伤害，只需将果蔬贮藏环境的氧气与二氧化碳浓度控制到一定范围内即可。若采用 MA 贮藏方法，一定注意选择适宜透气性的保鲜袋，并注意管理，以防止保鲜袋内产生不适宜气体浓度而造成冰菜气体伤害。

5. 氨伤害

（1）症状

冰菜嫩茎叶在贮藏时受到轻微氨伤害，开始是组织发生褐变，进一步使外部变为黑绿色。

（2）发生原因

以氨作制冷剂的大型冷库，由于制冷系统出现故障，或系统本身密闭性差，会出现氨泄漏。因为氨溶解于水中后为强碱性，有较强的破坏作用，故氨与冰菜嫩茎叶接触将引起其明显色变和中毒。

（3）防治方法

氨的气味可以用通风或洗涤的方法从库内排除，二氧化硫可以中和氨，但应用时必须注意浓度，以免引起二氧化硫伤害。轻度受害的冰菜当去掉氨之后就可以恢复到原来的生理状态。

第二节　植株侵染性病害及其防治

近几年，冰菜作为特菜开发品种，水肥管理加强，产量上升，但在栽培中，由于茬口安排不当、环境条件不适宜、菜园不清洁、栽培管理不当等原因，冰菜病虫害问题也就凸现出来。从总体看来，冰菜的主要病害有立枯病、猝倒病、病毒病等，主要害虫有蚜虫、紫跳虫、金龟子、烟粉虱、白粉虱、蜗牛、蓟马、蛞蝓、介壳虫等。冰菜植株病虫害防治主要分为非化学与化学防治。

一、植株病虫害非化学防治技术（农业、生物与物理防治）

1. 种子处理

栽培的种苗要先捡除肉眼能见的害虫、病叶。种子消毒灭菌的方法有温汤浸种、药剂浸种、高温处理等。其中尤以温汤浸种方法简便易行，成本低，且杀菌效果好。温汤浸种一般是在播种前用纱布将种子包好，将种子先放在凉水中浸泡 10 min，然后放入 52℃ ~55℃的温水中浸种 10 min~20 min，并用木棒不停地快速搅拌，以使种子受热均匀。

2. 加强田间管理

冰菜出苗后及时拔除病苗；雨后应中耕破除板结，以提高地温，使土质松疏通气，增强幼苗抗病力；采用起垄或高畦栽培；露地栽培的雨后要及时排水，严防湿气滞留；大棚育苗需保持棚内通风透气，温湿度不宜过高，夏季晴天中午高温闷棚数日能杀死残存病菌；施足基肥及进行多次少量追肥，防止植株早衰，提高抗病虫性；病虫害发生重的田块，收获时彻底清除残枝、落叶及杂草，可有效降低虫口基数，明显降低来年病虫害的发生和为害，防患于未然，从根源进行防治。

（1）塑料薄膜避蚜

蚜虫对不同颜色具有识别能力，蚜虫不敢靠近银灰色的物体，每隔一段距离拉一条银灰色反光塑料膜，覆盖 12 d 以上，可达到驱避蚜虫的效果。

（2）黄板诱蚜（虫害）

黄色对于蚜虫有很大的引诱力，在培植冰菜时可以制作大小不同的黄色纸板，将蚜虫全部引诱过来，并在纸板上喷上灭杀蚜虫的药物，使蚜虫在黄板上接触到药物以后立即死亡。或在黄色的塑料薄板上涂上一层黏性明胶，或在黄纸板上涂一层机油或糖浆加杀虫剂敌百虫等，隔一定的距离吊挂 1 张，挂高约 70 cm。当黄板上的蚜虫较多时，要更换新的黄板，及时将蚜虫灭杀，这样减少了对冰菜进行农药喷洒的危害。黄板灭蚜经济实惠，操作简单，是灭蚜的首要选择。白粉虱成虫对黄色的有趋性，在温室内设置黄板，也能诱杀成虫。蓟马具趋蓝色、黄色的习性，可在田间设置蓝色粘板，诱杀成虫，粘板高度与作物持平。

（3）灭蚜和驱蚜（虫害）

第 1 种方法是把辣椒加入清水泡一晚上，过滤后直接进行喷洒；第 2 种方法是把烟草磨成粉末状，加入少量的生石灰，这样可以直接进行喷洒。韭菜散发的气体对蚜虫有驱赶作用，可以将韭菜、芹菜、葱、蒜与冰菜混合种植，大大降低蚜虫（虫害）的密度，减轻蚜虫对冰菜的危害程度。

（4）糖醋液灭蚜

糖醋液配方为将酒、水、糖和醋，以 1 ∶ 2 ∶ 3 ∶ 4 的比例配置。将配好的糖醋液放在开口面积大的装置里，在傍晚时分放在蚜虫较多的地方，这样蚜虫的死亡率很高。蚜虫生活最适宜的温度是 20℃，空气相对湿度为 80%。当气温变高时，潮湿度变低时，都不利于蚜虫的生长和繁殖，因此要抓住时机进行蚜虫防治。

3. 合理轮作

有条件的地块可进行水旱轮作，减少土传病害的发生。

4. 使用防虫网覆盖

应用防虫网，可基本上避免中、大型害虫的为害，减少化学农药的使用。选择防虫网，要注意选择适宜的规格，一般认为较适宜的为 20 目 ~32 目，丝径 0.18 mm，幅宽 1.2 m~3.6 m，白色。在防虫网隔离期间，要尽量少揭网，以免成虫飞入；及时清除产在网纱上的卵块，以免卵孵化后低龄幼虫钻入网内。

5. 调整作物布局

种植冰菜的田块应与具有相同病虫害作物有一定的隔离，避免害虫互相迁徙扩散为害。

6. 人工防治

蚜虫零星点片发生时可用手抹去叶片背面的蚜虫或摘除嫩梢。利用其趋光性用灯光诱杀金龟子，该虫有假死性，可震落杀死。

7. 生物制剂

可用苏云金芽孢杆菌（Bt）悬浮剂 250 倍液或 1.8% 阿维菌素（爱福丁）乳油 1500 倍液在幼虫低龄期进行喷雾。利用白僵菌，消灭金龟子幼虫。采用寄生性小杆线虫侵染致死蛞蝓，同时，近年来开发的以中草药和酵母为主要原料的生防诱食剂可以引诱蛞蝓大量取食后消化不良而死亡，且环保无农药残留。

8. 合理保护和利用天敌

减少化学农药的使用次数和用量，尤其是限制广谱性毒性大的农药的使用，减少对天敌的杀伤力，以充分发挥天敌对害虫的控制作用。要科学使用天敌来消灭蚜虫，蚜虫的天敌有七星瓢虫、异色瓢虫、食蚜蝇等。这些昆虫是蚜虫的克星，在田间如果出现这些昆虫，不要伤害它们，要进行适当的保护。当蚜虫为害较大时，在进行防治时也要注意药品的使用，在植物的部分区域进行喷洒。当温室内白粉虱成虫平均每株有 0.5 头 ~1 头时，释放人工繁殖的丽蚜小蜂，每株成虫或蛹 3 头 ~5 头，每隔 10 d 左右放 1 次，共放 4 次。也可人工释放草蛉，一头草蛉一生能捕食白粉虱幼虫 170 多头。

二、植株病害识别与防治

1. 立枯病和猝倒病

（1）病原与为害症状

立枯病为半知菌亚门的立枯丝核菌（*Rhizoctonia solani* Kuhn）。猝倒病由鞭毛菌亚门的刺腐霉（*Pythium spinosum* Saw.）侵染引起。立枯病：播种、发芽后真叶开始展开前幼苗发病，初见根茎部出现茎缢缩，变褐、软化、倒折。有的根系受害，根部变褐。有时在土中未出土即发病，造成刚发芽的幼苗烂种或霉烂。刺腐霉猝倒病：幼苗基部出现水渍，并很快扩展、溢缩变细呈细线状，病部不变色，病势发展迅速，子叶仍为绿色，萎蔫前即从茎基部（或茎中部）倒伏而贴于床面。病害常表现为局部植株发病，病情在适合条件下易以病株为中心，迅速向周围扩展蔓延，形成病区。

（2）发病特点

侵染发病的最适温度为 15℃ ~26℃，苗床低温高湿，苗期种植过密、湿度过高，最易发病。育苗期遇阴雨，幼苗常发病，造成幼苗的死亡，尤其在秋冬播种时遇低温高湿更易导致病害的发生。

（3）防治方法

用种子量 0.3% 的 50% 多菌灵可湿性粉剂拌种，进行种子消毒；苗床土壤可以通过高压灭菌消毒。发病初期可喷洒 38% 噁霜嘧铜菌酯 800 倍液，或 41% 聚砹・嘧霉胺 600 倍液，或 20% 甲基立枯磷乳油 1200 倍液，或 72.2% 霜霉威（普力克）水剂 800 倍液，隔 7 d~10 d 喷 1 次。或将大将军＋门神按 600 倍液稀释，以 3 L/m^2 在播种前或播种后及栽前苗床浇灌；在定植时或定植后和预期病害常发期前，进行灌根，每 7 d 用药 1 次，用药次数视病情而定。

2. 病毒病

（1）为害症状

染病后全株受害，尤以顶部幼嫩叶片发病重，叶片现花叶或褐色斑纹状，卷曲、皱缩、褪绿，叶柄扭曲，早期染病植株矮小。

（2）发病特点

病毒由蚜虫、粉虱、蝴蝶等昆虫，以及人工摘果、整枝等田间作业传播，种子也可能传染。高温、强日光、干旱、土壤水分不足有利于病害发生。

（3）防治方法

发病初期用5%菌毒清可湿性粉剂200倍液，或2%宁南霉素水剂300倍液、1%香菇多糖水剂500倍液、20%马胍·乙酸铜可溶性粉剂300倍液~500倍液+0.01%芸薹素内酯乳油2500倍液喷雾防治；喷洒50%蚜松乳油1000倍液~1500倍液防治蚜虫，重点喷叶背和生长点部位。

3. 灰霉病

（1）病原与为害症状

灰霉病由灰葡萄孢菌（*Botrytis cinerea* Pers.）侵染所致，属真菌性病害。初在叶面上出现水渍状褐色斑点，后扩展成长条状，湿度大时，病斑上产生灰白色霉层，随后往往引起叶片发病腐烂。

（2）发病特点

灰霉病是露地、保护地作物常见且比较难防治的一种真菌性病害，属低温高湿型病害，病原菌生长温度为20℃~30℃，温度20℃~25℃、空气相对湿度持续90%以上时为病害高发期。

（3）防治方法

感染灰霉病之后，一定要及时将感染病害部分的枝叶剪掉，并及时喷洒杀菌药。发病初期用50%嘧菌环胺水分散粉剂900倍液，或70%嘧霉胺水分散粒剂1500倍液、16%腐霉·己唑醇悬浮剂900倍液、50%啶酰菌胺水分散粒剂1500倍液~2000倍液、40%双胍三辛烷基本磺酸盐可湿性粉剂900倍液喷雾防治，每隔7 d~10 d喷1次，亩喷兑好的药液65 L~75 L，连用2次~3次。

4. 根腐病

（1）病原与为害症状

此病可由腐霉、镰刀菌、疫霉等多种病原侵染引起。发病初期，仅仅是个别支根和须根感病，并逐渐向主根扩展，主根感病后，早期植株不表现症状，后随着根部腐烂程度的加剧，吸收水分和养分的功能逐渐减弱，地上部分因养分供不应求，新叶首先发黄，在中午前后光照强、蒸发量大时，植株上部叶片才出现萎蔫，但夜间又能恢复。病情严重时，萎蔫状况夜间也不能再恢复，整株叶片发黄、枯萎。此时，根皮变褐，并与髓部分离，最后全株死亡。病菌在土壤中或病残体上越冬，成为翌年主要初侵染源，病菌从根茎部或根部伤口侵入，通过雨水或灌溉水进行传播和蔓延。地势低洼、排水不良、田间积水、连作及棚内滴水漏水、植株根部受伤的田块发病严重。

（2）发病特点

病菌在土壤中或植株病残体上越冬，成为翌年主要初侵染源；病菌从根茎部或根部伤口侵入，通过雨水或灌溉水进行传播和蔓延。地势低洼、排水不良、田间积水、连作及棚内滴水漏水、植株根部受伤的田块发病严重。

（3）防治方法

发病前期，在苗期每亩用土壤改良剂 200 g 或复合微生物肥料 1500 g，按一定的稀释比例稀释后灌根，每棵灌 200 g；发病初期，用菌克或高渗铜灌根，也可每亩用硫酸铜 4 kg 灌溉。用 77% 的氢氧化铜（可杀得）可湿性粉剂或 50% 甲基托布津可湿性粉剂 500 倍液防治效果也不错。但均应提前防治，并在根基部和地表面进行喷淋或浇灌。定植时，用络氨铜 · 锌（抗枯灵）可湿性粉剂 600 倍液、噁霉灵可湿性粉剂 300 倍液浸根 10 min~15 min，防效较好；或用多菌灵、络氨铜 · 锌（抗枯灵）配制成药土（每平方米用药 10 g，1/3 下垫，2/3 上盖）。定植后浇水时，随水加入硫酸铜溶入田中，每亩用量为 1.5 kg~2 kg，可减轻发病。定植缓苗后，可用噁霉灵可湿性粉剂 3000 倍液或抗枯灵可湿性粉剂 600 倍液或抗茬宁每亩 500 g（单独用）开始灌第一次药，每株 250 mL，每 7 d1 次，连灌 3 次。

5. 叶斑病

（1）病原与为害症状

叶斑病菌属假单胞杆菌。病菌菌体短杆状，有荚膜，无芽孢。革兰氏染色阴性，好气性。在肉汁胨琼脂培养基上菌落白色，近圆形，扁平，中央稍凸起，不透明，有同心环纹，边缘一圈薄而透明，菌落边缘有放射状细毛状物。

（2）发病特点

叶斑病菌随病残体到地表层越冬，翌年发病期随风、雨传播侵染寄主。但温室中四季均可发生。连作、过度密植、通风不良、湿度过大均有利于发病。

（3）防治方法

从发病初期开始喷药，防止病害扩展蔓延。常用药剂有 20% 硅唑・咪鲜胺 1000 倍液、38% 噁霜嘧铜菌酯 800 倍 ~1000 倍液、4% 氟硅唑 1000 倍液、50% 甲基硫菌灵（甲基托布津）1000 倍、70% 代森锰锌 500 倍、80% 代森锰锌 400 倍 ~600 倍、50% 克菌丹 500 倍等。要注意药剂的交替使用，以免病菌产生抗药性。

三、虫害识别与防治

1. 蚜虫

（1）为害症状

蚜虫主要以成虫、若虫密集分布在冰菜的嫩叶、茎和近地面的叶背上为害，刺吸汁液，造成冰菜植株弯曲，幼叶向下畸形卷缩，使植株矮小，造成减产，严重时引起枝叶枯萎，甚至死亡。留种株受害不能正常开花和结籽。蚜虫还可以传播病毒病，造成更大的损失。

（2）防治方法

苗期的防治：要以灭蚜和防治病毒病为主，应在蚜虫发生初期彻底消灭，把蚜虫消灭在迁飞传毒之前。可选用 10% 吡虫啉可湿性粉剂 3000 倍液与 48% 毒死蜱（乐斯本）乳油 3000 倍液混合药液进行喷雾消灭。

生长期防治：以生产无公害蔬菜和保护利用天敌为出发点，在生长期应尽量减少喷药次数。若蚜虫发生严重时，仍需进行必要的化学防治，可选用 1% 印楝素水剂 800 倍液或 1.8% 阿维菌素乳油 2000 倍液或 10% 吡虫啉可湿性粉剂

3000 倍液喷雾防治。

留种田的防治：特别要注意在开花后的防治，以免影响果实发育和种子产量。可选用 10% 吡虫啉可湿性粉剂 3000 倍液或 20% 啶虫脒可溶性粉剂 5000 倍液喷雾防治。

2. 紫跳虫

（1）为害症状

紫跳虫（*Ceratophysella* sp.），属于弹尾纲（Collembola）球角跳虫科（Hypogastruridae）泡角跳虫属（*Ceratophysella*）。该虫体微小，成虫体长 1.2 mm~1.5 mm，虫体扁而宽，背板蓝黑色或紫黑色，善跳跃，受扰动后易逃走。上午在叶腋、植株底部受遮挡的叶片或遮阴处、开裂的伤口部位和叶背面等潮湿阴暗区域可发现该虫大量聚集。紫跳虫主要为害冰菜叶片，也可为害叶柄，幼苗和成株均可受害。主要以啃咬叶肉组织的方式为害。目前可见两种受害状：一种是少量虫在叶片正面或背面钻食叶肉组织，仅残留表皮组织，形成透明的不规则云团状失绿斑点，有的斑点周围会出现裂痕；另一种是跳虫群体聚集啃咬叶肉，在叶片的正面、背面或侧面形成“锅底坑”缺刻，缺刻边缘不规则，残留少量透明的叶片表皮组织。受害田块的受害株率约 40%，虫量偏大的植株 1 片单叶的虫量推测超过 600 头。

（2）防治方法

针对紫跳虫在蔬菜上的为害目前没有登记药剂。现有报道普遍认为拟除虫菊酯类农药（氯氰菊酯、溴氰菊酯、甲氰菊酯、氯氟氰菊酯、氰戊菊酯等）防治紫跳虫效果较好；也有报道称可以使用辛硫磷喷雾或者拌毒土防治紫跳虫。可参考上述报道，在专业植保技术人员指导下施用化学药剂防治紫跳虫。

3. 金龟子

（1）为害症状

幼虫咬断幼苗，成虫采食嫩芽、新叶及花朵，常群集暴食幼嫩叶片，造成严重危害。

（2）防治方法

幼虫期，于地表扎孔，用90%敌百虫500倍液灌注，效果良好。成虫期喷施3%高效氯氢菊酯微囊悬浮剂或2%噻虫啉微囊悬浮剂500倍~600倍液，效果良好。

4. 烟粉虱

（1）为害症状

烟粉虱危害初期，冰菜叶片出现白色小点，沿叶脉变为银白色，后发展至全叶呈银白色，如镀锌状膜，使光合作用受阻，严重时冰菜除心叶外的多数叶片布满银白色膜，导致冰菜生长缓慢，叶片变薄，叶脉、叶柄变白发亮，呈半透明状。烟粉虱以成虫、若虫刺吸冰菜植株使其长势衰弱，产量和品质下降，同时还分泌蜜露，引发煤污病，发生严重时，叶片呈黑色，严重影响冰菜植株光合作用，甚至整株死亡。

（2）防治方法

烟粉虱初发时，可用25%噻嗪酮（扑虱灵）1000倍液，或10%吡虫啉1500倍液，每3 d~5 d喷1次，连续防治2次~3次；在虫口密度高时，可交替使用40.7%毒死蜱（同一顺）800倍液或5%氟虫腈（锐劲特）1500倍液或20%麦雨道2000倍液防治，隔5 d~7 d防治1次，连续防治2次~3次。冰菜采收前10 d停止用药。

5. 白粉虱

（1）为害症状

白粉虱一般以成虫和若虫聚集在冰菜上吸食汁液，虫口密度小，为害轻时叶面出现密密麻麻小白点，严重时叶面成片干枯。白粉虱分泌的蜜露积存于叶面，常会导致霉污病的发生和病毒病的传染，降低冰菜的商品价值。

（2）防治方法

在白粉虱发生初期及时用药，每株有成虫 2 头 ~3 头时进行，尤其掌握在点片发生阶段。

白粉虱发生初期用 10% 吡虫威 400 倍 ~600 倍液，或 10% 扑虱灵乳油 1000 倍液，或 25% 扑虱灵乳油 1500 倍喷雾，能杀死卵、若虫、成虫，当虫量较多时可在药液中加入少量拟除虫菊酯杀虫剂。一般 5 d~7 d 喷 1 次，连喷 2 次 ~3 次。选用 25% 灭螨猛乳油 1000 倍液、50% 克蚜宁乳油 1500 倍液、2.5% 联苯菊酯（天王星）乳油 2000 倍液、21% 灭杀毙 3000 倍液，每隔 5 d~7 d 喷 1 次，连喷 3 次 ~4 次。20% 灭多威乳油 1000 倍液＋ 10% 吡虫啉水分散性粒剂 2000 倍液＋消抗液 400 倍液，该配方利用灭多威速效性弥补吡虫啉迟效，用吡虫啉药效长弥补灭多威药效短缺点，加入消抗液进一步提高药效可杀死各种虫态的白粉虱。每 5 d~7 d 喷 1 次，连喷 2 次 ~3 次，可获得满意效果。

6. 蜗牛

（1）为害症状

在冰菜上伸缩爬行时，可分泌出黏液，对冰菜表面造成污染；可把冰菜幼苗咬断，造成叶片孔洞、缺刻或网状，严重影响了冰菜的品质。

（2）防治方法

常规的杀虫剂对蜗牛没有作用，药剂喷到它就会缩到螺壳里面，很难对它起作用，但蜗牛有一个最致命的特点就是害怕失水，蜗牛失水基本代表着死亡。所以防治蜗牛可用特殊药剂四聚乙醛，此药外观浅蓝色，能释放特殊香味，对蜗牛有很强的诱惑力，且对蜗牛具有很强的胃毒作用，蜗牛取食后会让体内乙酰胆碱酯酶无节制地大量释放，破坏其产生的特殊黏液，导致蜗牛快速脱水，体表细胞被破坏，大量体液流失而死亡。

也可用生石灰和干草木灰来杀灭蜗牛，生石灰的主要成分氧化钙具有很强的吸水性，食品加工上常用来做干燥剂，当蜗牛触及石灰之后，石灰会粘在蜗牛的黏液上，抽吸蜗牛体内的水分，抑制蜗牛体表活动，最后失水过多死亡。

干的草木灰也具有很强的吸水性。同时，蜗牛还特别惧怕盐，只要蜗牛体表一接触到盐，盐通过破坏蜗牛的渗透压平衡，导致大量黏液被吸干，最后失水过多而死亡。

7. 蓟马

（1）为害症状

蓟马以成虫和若虫锉吸冰菜植株幼嫩组织（叶片、花、果实等）汁液，被害的嫩叶变硬、卷曲、枯萎，叶片变薄，叶片中脉两侧出现灰白色或灰褐色条斑，表皮呈灰褐色，出现变形、卷曲，生长势弱，植株生长缓慢。幼嫩果实被害后会硬化，严重时造成落果，严重影响产量和品质。

（2）防治方法

点片发生时用5%啶虫脒2000倍液连续防治2次~3次，可收到很好的效果。同时建议在药液中加入50 g红糖，以充分提高防治效果。

根据蓟马昼伏夜出的特性，建议在下午光照不强时用药。蓟马隐蔽性强，药剂需要选择内吸性的或者有添加有机硅助剂，而且尽量选择持效期长的药剂。如果条件允许，建议药剂熏棚和叶面喷雾相结合。提前预防，不要等到泛滥了再用药。如果没有覆盖地膜，药剂最好同时喷雾植株中下部和地面，因为这些地方是蓟马若虫栖息地。

8. 蛞蝓

（1）为害症状

因为蛞蝓口腔中有角质的颚舌齿，用于固定食物和舐刮食物，所以能将冰菜植株幼苗叶片及生长点吃光。蛞蝓啃食冰菜叶片，使植株叶片形成孔洞，严重影响冰菜的正常发育与生长。

（2）防治方法

在蛞蝓盛期，在种植畦面均匀地撒施四聚乙醛颗粒剂（四聚乙醛含量6%）或甲萘·四聚乙醛颗粒剂（甲萘威含量1.5%，四聚乙醛含量4.5%）来诱杀蛞蝓。

在蛞蝓为害严重的地方，间隔十几天后要再防治一次。由于生石灰和草木灰具有吸湿及偏碱性的特点，可通过吸潮创造一个不利于蛞蝓生长的环境，同时碱性的环境也不利于蛞蝓生存，可化学防治蛞蝓还可以撒施生石灰。用煤油、柴油或机油浸湿锯末撒在苗床地四周，也可杀死野蛞蝓，或可用200倍盐水喷于叶面或根系附近进行防治。

9. 菜青虫

（1）为害症状

菜青虫幼虫孵出后潜食叶肉，3龄前多在叶背取食，留下半透明的上表皮，3龄后食量大增，可将叶片咬成孔洞，严重时仅剩叶脉，使蔬菜失去商品价值。

（2）防治方法

在农业防治效果差时，要及时进行化学防治，一方面要选择合适的药剂，另一方面用药的时期很关键。防治菜青虫的药剂有高效氯氟氰菊酯、甲维盐、氯虫苯甲酰胺等。有些地块在菜青虫发生初期打一遍药就能防治住，但是有些地块防治效果差，可以用一些杀虫又杀卵的药剂。

冰菜叶虫孔

10. 介壳虫

（1）为害症状

介壳虫吸食冰菜叶片汁液，破坏植物组织，引起组织褪色、死亡；而且还分泌一些特殊物质，使局部组织畸形。

（2）防治方法

针对介壳虫的形态特点，对该类害虫的防治首选具有超强的内吸和渗透作用的药剂，如蚧必治 750 倍 ~1000 倍液喷施，药液经树体吸收后，介壳虫吮吸到有毒的汁液中毒死亡，杀虫效果好。用药建议在温度较高（要求在 28℃左右，此温度下药液传导快，介壳虫易中毒，且该温度下蜡质层变软，利于药液渗透虫体）的下午使用，连喷两次，间隔期为 5 d~7 d。

11. 椿象

（1）为害症状

椿象成虫能在冰菜的顶芽、嫩叶上刺吸液。叶片被害后形成有大量破孔、皱缩不平的“破叶疯”。

（2）防治方法

椿象的卵多产于叶面成卵块，极易发现，可在 5 月 ~8 月成虫产卵期间，及时摘除含卵块的叶片。椿象的天敌丰富，已知的有黄猄蚁、寄生蜂、螳螂、蜘蛛等多种，应加以保护利用。如果椿象虫口数太多，可用 90% 敌百虫晶体 800 倍 ~1000 倍稀释液喷雾。如能在敌百虫液中加一些松碱合剂，可提高防治效果，掌握在一、二龄若虫期防治，效果更好。设施大棚种植时，也可利用防虫网减少椿象危害。

第三节　冰菜采后侵染性病害及其防治

引起冰菜采后腐烂的病原菌主要有真菌、细菌、病毒和原生动物，其中以真菌和细菌性病原菌为主。

一、真菌

真菌是最主要和最流行的病原微生物，侵染广，危害大，是造成冰菜在贮藏运输期间损失的重要原因。冰菜采后病原真菌以霉菌为主，表现症状为组织变色、斑块、腐败、干缩、变质等。其中，鞭毛菌亚门有腐霉、疫霉和霜疫霉菌；接合菌亚门有根霉、毛霉等；子囊菌亚门有小丛壳、囊孢壳、间座壳、核盘菌和链核盘菌等，如炭疽病、焦腐病、蒂腐病、褐腐病、黑腐病等；半知菌亚门有葡萄孢霉、木霉、青霉、曲霉、镰刀菌、交链孢等，如灰霉病、青绿霉病、酸腐病、褐腐病、炭疽病、焦腐病、黑斑病等。

二、细菌

引起冰菜采后腐烂的细菌主要有软腐病杆菌、多黏芽孢杆菌、边缘假单胞杆菌。症状有组织坏死、萎蔫和畸形。

三、病菌的侵染过程

1. 采前侵染

有许多病原菌在田间或生长期就侵入冰菜，长期潜伏在内，并不表现症状，直到冰菜采收和环境条件适合时才发病，如灰霉病菌是在田间入侵冰菜叶内，于贮藏期间大量发病。主要是加强采前田间管理，清除病源，减少侵染。

2. 采后侵染

许多病菌的生活周期在田间完成，采前以孢子形式存在于叶面，采后环境条件适宜时孢子萌发，通过伤口或皮孔直接侵入，迅速发病，引起叶片腐烂。如采后通过伤口或皮孔直接侵染叶片的灰霉病菌。

3. 伤口侵染

冰菜贮藏期间的病害都与各种伤害紧密相关，新鲜伤口的营养和湿度为病菌孢子的萌发和入侵提供了有利条件。冷害的冻伤、昆虫的虫伤、采收时的机械伤，以及贮运过程中的各种碰伤、擦伤等都是病菌入侵的门户。青霉属、根霉属、葡萄孢霉属、地霉属和欧氏杆菌属都是从伤口入侵，冻伤则加速各种腐烂病的发生。

4. 直接侵染

有的病菌可从叶片表面的皮孔直接入侵，或分泌毒素，破坏果皮组织，引起果实腐烂。如黑腐病菌、灰霉病菌等都可通过接触传染，在贮藏期间迅速蔓延。

四、影响发病的因素

当病原菌的致病力强，寄主的抵抗力弱，环境条件有利于病菌生长、繁殖和致病时，病害就严重。反之，病害就受抑制。病害的发生与发展受病原菌、寄主和环境条件的影响和制约。

1. 病原菌

病原菌是引起冰菜病害的病源，许多贮藏病害都源于田间侵染。可通过加强田间栽培管理，清除病枝病叶，减少侵染源，配合采后药剂处理来达到控制病害发生的目的。

2. 环境条件

主要是温度、湿度和气体成分。病菌生长的最适温度一般为 20℃ ~25℃，过高过低对病菌都有抑制作用，一般较高的温度会加速冰菜衰老，降低冰菜对病害的抵抗力，有利于病菌孢子的萌发和侵染，加重发病。较低的温度能延缓冰菜衰老，保持冰菜抗性，抑制病菌孢子的萌发与侵染。如果温度适宜，较高的湿度有利于病菌孢子的萌发和侵染。贮藏的冰菜上常有结露，在高湿度情况下，许多病菌的孢子能快速萌发，直接侵入叶片引起发病，要减少冰菜叶片表面结露，应充分预冷。

低氧和高二氧化碳对病菌的生长有抑制作用，当空气中的氧浓度降到5%或以下时，能抑制冰菜呼吸，保持冰菜品质和抗性，氧含量控制在2%时，对灰霉病、褐腐病和青霉病等的生长有明显的抑制作用；高二氧化碳浓度（10%~20%）可抑制许多采后病菌，浓度大于25%时，病菌的生长几乎完全停止，但在高二氧化碳浓度下存放时间过长会产生毒害，一般采用高二氧化碳浓度短期处理以减少病害发生。冰菜呼吸代谢产生的挥发性物质（乙醛等）对病菌的生长也有一定的抑制作用。

五、病害防治

1. 综合防治

包括采前的田间管理和采后的系列配套处理技术。采前田间管理包括合理的修剪、施肥、灌水、喷药、适时采收，清除菜园内枯枝败叶、腐烂叶片等病原菌栖居的地方。采后的处理包括及时预冷，病、虫、伤叶片的清除，包装材料的选择，冷链运输，选定适合于冰菜生理特性的贮藏温度、湿度、氧和二氧化碳浓度，以及确立适宜的贮藏时期等。冰菜在采收、运输、贮藏和销售过程中，要防止机械伤害。

2. 物理防治

主要是控制贮藏温度和气体成分，采后辐射处理。

低温，可明显地抑制病菌孢子萌发、侵染和致病力，同时还能抑制冰菜呼吸和生理代谢，延缓衰老，提高冰菜的抗性，冰菜采后贮藏温度的确定以不产生冷害的最低温度为宜。低氧和高二氧化碳，气调贮藏期间，或运输过程中，或包装袋内，都应根据冰菜品种的特性，控制适宜的氧和二氧化碳浓度。

辐射处理，如紫外线处理能减少冰菜的采后腐烂，用254 nm的短波紫外线可诱导冰菜的抗性，延缓冰菜成熟，减少对灰霉病、软腐病、黑斑病等的敏感性。

3. 生物防治

主要是利用微生物之间的拮抗作用，选择对冰菜不造成危害的微生物来抑制引起冰菜采后腐烂的病原真菌的生长。

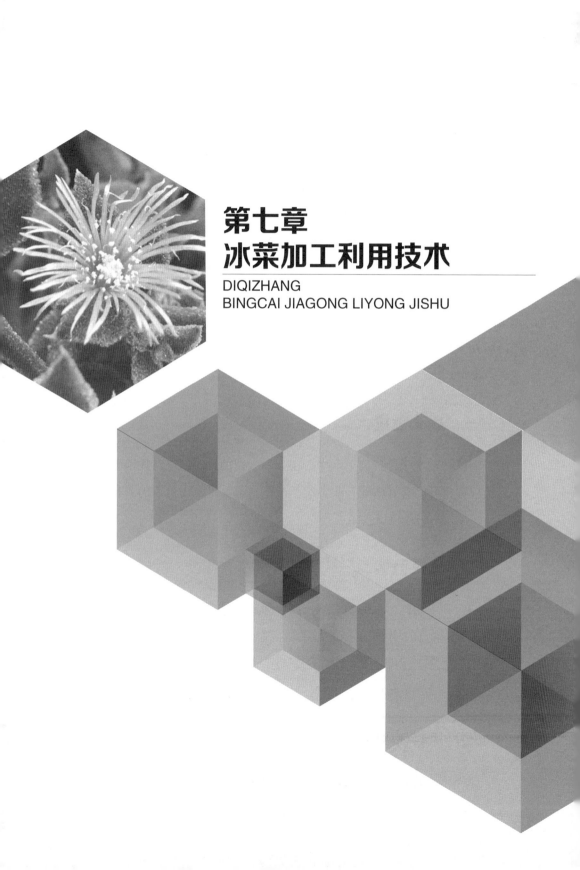

第七章 冰菜加工利用技术

DIQIZHANG
BINGCAI JIAGONG LIYONG JISHU

第一节 加工方法与技术

夏季天气炎热，人们一般都没什么食欲，尤其不喜欢食用味道重、温度高的食物，更加偏爱于清淡凉爽的食物，所以很多人在没什么胃口的时候会选择凉拌一盘色拉，并且现在流行轻食主义，所谓的轻食主义指的是低热量、低脂肪、低盐、低糖、高纤维的食物，而色拉正好符合。冰菜可生吃、可熟吃，做法和其他蔬菜类似，例如清炒冰菜、冰菜煮汤、冰菜炒蛋、冰菜涮锅、冰菜蘸酱等，在食用冰菜的时候，有一点要注意的，就是冰菜本身含有植物盐，所以在烹饪冰菜的过程中最好就不要再加盐了，如果一定要加的话，只需一点点即可。

一、冰菜色拉

将冰菜清洗干净，沥干水之后切一下，切的大小以一口能够吞下为准，然后再根据自己的喜好搭配一些生菜、苦苣、圣女果等，最后加入自己喜欢的色拉汁，搅拌均匀就可以食用了。

二、冰菜蘸酱

不想动手切菜，犯懒的人就可以选择这种吃法，这也是最为简单的吃法。即把冰菜清洗干净并沥干水分之后，在碟子上倒入自己喜欢的酱汁，然后直接拿着冰菜蘸酱吃就可以了。现在很多超市销售的冰菜都搭配有色拉酱，对于犯懒者而言，简单又方便。

三、凉拌冰菜

凉拌冰菜的做法与冰菜色拉类似，只是色拉的口感清淡，而凉拌冰菜可以放些辣椒油、花椒油、蒜末、醋等调味品，更为开胃。如果吃不惯生的冰菜，也可以把冰菜下水焯过之后再凉拌，焯过水的冰菜的口感和生冰菜的口感又不一样。咸的调料要少放，因为冰菜本身具有咸味。

1. 用料

冰菜 250 g，生抽 25 g，清水 40 mL，鸡精 2 g，熟白芝麻 3 g，熟花生米 50 g，白胡椒粉 1.5 g，指天椒 2 个，香油 10 mL。

2. 做法

①冰菜洗净沥干水。

②生抽、鸡精、白胡椒粉加清水调成料汁。

③指天椒洗净切段，放入香油拌匀。

④将料汁淋在冰菜上，再撒上熟白芝麻，拌入熟花生米即可。

四、冰菜山楂果冻

冰菜山楂果冻的最优配方为山楂：冰菜为 1 ： 2.5、复合胶粉 2%、白砂糖 16%，在此配方下制得的冰菜山楂果冻的感官评分最高，含冰菜和山楂的独特风味，适合绝大多数人食用。

1. 原料选择

选择洁净、鲜嫩、完整、无腐败、无虫伤的冰菜和山楂。

2. 冰菜汁制备

将冰菜洗净切断，在热水中烫 30 s 后放入护色液，5 min 后以冰菜：水为 1 ： 1 进行榨汁，捞出用纱布过滤，制得冰菜汁待用。

3. 山楂汁制备

将山楂清洗干净后，在热水中烫 1 min，挖出山楂中不可食用部分，置于护色液中 10 min 捞出用纱布过滤，得到山楂汁待用。

4. 煮胶

将复合胶粉（魔芋胶：卡拉胶的质量比为 1 ： 4）放入 40℃ ~50℃水浴锅中搅拌至溶解，再放入白砂糖使其完全溶解。将冰菜汁和山楂汁加入预先制备好的复合胶中配制，充分搅拌后置于冷却室，当温度降至 70℃ 后，逐渐加入 0.15% 的柠檬酸。由于柠檬酸的加入会使 pH 降低，因此要不断搅拌，防止局部酸度过高。将制好的果冻放入锅中灭菌 5 min，取出后即用凉水降温，果冻便制作完成。

五、冰菜面条

以高精面粉质量为基准，冰菜汁添加量 30%，揉面时间 11 min、醒发时间 25 min。在此配方下制作的冰菜面条感官评分高，口感绵密，无涩味，断条率低，韧性良好，不黏腻且有淡淡的香味。添加改良剂谷朊粉 6%、黄原胶 0.6%、瓜尔胶 0.2% 和复合磷酸盐 0.4%，制得的冰菜鲜湿面条色泽更鲜亮，口感滑爽、耐嚼、弹性好，更符合市场的需求。

1. 冰菜预处理

选取洁净、无病虫、无腐败、鲜嫩的冰菜用清水洗净，切去冰菜根部，温水浸泡 15 min。充分洗净后，将冰菜放入榨汁机中，加入适量水，搅碎，使冰菜呈糊状。用过滤网过滤掉冰菜渣，使其清澈无杂质，然后倒入不锈钢锅中，备用。

2. 面条的制作

称取 100 g 面粉，在面粉中加入食盐 2 g、食碱 1.5 g 均匀混合，然后加入冰菜汁和清水揉匀，直到面团表面光滑。将和好的面团用保鲜膜覆盖住，在室温下醒发。面团醒发好后，先用擀面杖擀成一定厚度，用切刀切成 2 mm 宽的面条，锅中放入适量清水，待水沸时下入面条，并不时用筷子推动面条以免粘连，煮 3 min~5 min，面条成熟时即可捞出，放入不锈钢漏网中沥去水分。

六、冰菜汁饮料

①新鲜冰菜 20 kg 剔除干、烂叶片。

②择好的冰菜放入 40 kg 恒温 80℃热水中进行烫漂灭酶，烫漂时间为 3 min，捞出后以流动冷水迅速冷 1 min 却至常温。

③冷却好的冰菜放入 20 kg 浓度为 0.3 g/L 的硫酸铜护色液中常温浸泡护色处理 6h，用榨汁机将冷却好的冰菜榨取汁液。

④榨取的冰菜汁 15 L，加入 4.5 g 由纤维素酶、中性蛋白酶、果胶酶配制成复合酶剂，搅拌均匀，在室温下处理 1 h，然后以双层纱布过滤制得酶解液。其中，复合酶剂配制比例以质量分数计，分别为 8 ∶ 8 ∶ 1。

⑤处理完毕的酶解液中加入 600 mg 蛋清粉，搅拌均匀，在室温下处理 2 h，加热至 90℃并保持 3 min，迅速冷却至常温，以 4000 r/min 离心 8 min，取上清液，弃去沉淀制得冰菜清汁。

⑥所制得的冰菜清汁与 8 L 浓缩猕猴桃汁、2 L 浓缩柠檬汁进行混合，加入纯净水 50 L 稀释混匀。加入 2.1 kg 白砂糖、2.1 kg 果葡糖浆、21 g 阿斯巴甜、21 g 安赛蜜，分别溶解并搅拌均匀制得复合调配汁。

⑦向复合调配汁中加入 70 g 复合抗氧化剂。复合抗氧化剂分别为异抗坏血酸钠和 L－半胱氨酸，配制比例以质量分数计为 1 ∶ 1。再加入 70 g 复合稳定剂，复合稳定剂分别为羧甲基纤维素钠和海藻酸钠，配制比例以质量分数计为 2 ∶ 1，搅拌均匀制得稳定冰菜汁。

⑧将制得的稳定冰菜汁置于分散乳化机中 10 MPa 下均质 5 min，装入耐高温玻璃瓶，封口，置于杀菌锅中灭菌处理，灭菌温度 85℃，灭菌时间 6 min，取出后迅速流水冷却至常温即得运动功能饮料冰菜汁。

冰菜榨汁

七、年糕制作

（1）选米

取洁净糯米35份~56份、粳米10份~12份、黄豆粉颗粒5份~8份、核桃粉颗粒2份~5份，混匀，清水浸泡12 h~24 h，使物料发胀，含水量为35%~40%。

（2）蒸料

将步骤（1）中混合物料滤出，调节水分使物料与水分比1 ：（1.1~1.3），在0.12 MPa~0.15 MPa压力下蒸煮10 min~20 min。

（3）调配

加入冰菜汁4份~6份、红枣泥5份~9份、嫩竹叶浸提液147份~210份、β-环状糊精0.2份、丙酸钠0.025份、单辛酸甘油酯0.1份。其中，冰菜汁是取冰块、冰菜按1 ：2的重量比混合，榨汁，80目过滤所得滤液；嫩竹叶浸提液是嫩竹叶与开水按 1 ∶ 20 的重量比混合，于 95℃以上浸泡 20 min 所得到的液体。

（4）打粉

将步骤（3）所得物料于真空度 0.04 MPa~0.08 MPa、搅拌速度 60 rpm~90 rpm、搅拌时间 3 min~6 min、温度 40℃ ~48℃下打粉。

（5）成型

采用年糕成型机进行压延成型。

（6）切断

利用切断机切割成段。

（7）杀菌

采用食品塑料真空条件下封口包装，高温灭菌，室温下冷却即得风味年糕。

八、酵素饮料

①将茅莓切成小块，采用超声波处理，超声波处理条件为功率 250 W 下 5 min，然后经过压滤制成茅莓汁；诺丽果洗净切成小块，打成诺丽果汁；梅菜以清水洗去浮在表面的盐分，再以清水浸泡 2 h 后，搓洗、沥干、切碎、打浆。

②冰菜洗净，晾干以 90℃热水浸泡 5 h，获得冰菜提取液。

③将茅莓汁、诺丽果汁、梅菜浆混合，先在混合物料中加入纤维素酶酶解 10 min，再加入果胶酶酶解 20 min。纤维素酶用量 20 U/100 mL，果胶酶用量为 5 U/100 mL，酶水解温度控制在 28℃ ~33℃，pH 控制在 3~3.5。

④酶水解后，将步骤③的混合物料与冰菜提取液置于容器中，搅拌均匀，并调整发酵液的 pH 为 5，再密封发酵 120 d，过滤，得到酵素液。

九、食用菌沙拉酱

①将脱脂奶粉、牛奶于搅拌机中搅拌，然后缓慢加入橄榄油不断搅拌至稠状，再加入柠檬汁和蜂蜜搅拌均匀，获得沙拉酱，备用。

②将新鲜蘑菇、平菇、草菇、木耳、冬菇、金针菇洗净，于 80℃沸水中烫 5 min，然后捞出，切碎，于搅拌机中粉碎成浆，过滤获得滤液和滤渣。滤渣经冷冻干燥后获得食用菌粉，滤液将其浓缩至原体积的 10%，得浓缩液备用。

③将荷叶加入 1 倍水中，100℃下煎煮 1 h，按同样条件煎煮 2 次，收集 2 次煎煮液，并将煎煮液经冷冻干燥后获得荷叶冻干粉。

④取冰菜、薄荷搅拌粉碎后获得的混合液。

⑤将步骤②获得的食用菌粉、浓缩液加入步骤①的沙拉酱中，搅拌均匀，再加入荷叶冻干粉及步骤④的混合液，一起搅拌均匀，即为食用菌沙拉酱。

十、冰菜冻干粉制备不含防腐剂的冰菜提取物

1. 原料选取

挑选植物工厂内种植的水耕冰菜，去掉根部和破损的叶片，置于聚乙烯塑料盒内，低温（4℃左右）密封保存，并在 12 h 内送至工厂处理。

2. 设备清洗

对所有设备清洗，自来水冲洗干净后再用无菌去离子水冲洗一遍，晾干后用臭氧消毒 30 min，待用。

3. 冷冻干燥

将冰菜称重后进行冷冻干燥处理，工艺条件为：–26℃预冻 5 h，干燥室工作压力 45 Pa，升华温度 20℃，保持 20 h，解析温度 35℃，保持 5 h。冷冻干燥结束后，取样检测冰菜冻干物水分含量为 2.13%。

4. 超微粉碎

将冷冻干燥好的冰菜粗品置于清洁、温度低于 25℃、空气相对湿度小于 30% 的环境中进行超微粉碎，过 200 目筛后按照每袋 100 g 的包装规格，装入消毒好的复合铝箔袋中，密封保存。

5. 辐照灭菌

将分装好的冰菜冻干粉进行辐照灭菌处理，辐照工艺为：60 Co γ 射线辐照，辐照剂量为4.5 kGy。辐照灭菌后取样检测细菌、霉菌和酵母菌、金黄色葡萄球菌、粪大肠菌群、铜绿假单胞杆菌、水分含量，检测方法和限值参照中华人民共和国卫健委《化妆品卫生规范》（2007 版）。检测结果为细菌总数、霉菌和酵母菌总数< 10；金黄色葡萄球菌、粪大肠菌群、铜绿假单胞杆菌均未检出，水分含量为 2.21%。

6. 超声波提取

将经辐照灭菌且检测合格的冰菜冻干粉用无菌去离子水配制成 5% 的冰菜水溶液，转入消毒好的超声提取设备中，使用 40 kHz 超声波频率，功率为 0.5 W/cm^2，提取温度为 30℃，提取时间为 45 min，加速有效成分的溶出。

7. 离心除杂

将得到的超声波提取液用离心机 600 xg，离心 30 min，收集上清液转移至干净无菌的聚乙烯塑料桶内，弃去残渣。

8. 微孔过滤除菌

将离心液过 0.22 μm 非对称聚醚砜滤膜，压力泵加压至 4 个标准大气压，去除细微杂质和有害微生物，收集滤液至干净无菌的聚乙烯塑料桶内，并立即使用。

9. 冰菜提取液无菌验证

对通过 0.22 μm 非对称聚醚砜滤膜的冰菜提取液进行取样检测，测试细菌、霉菌和酵母菌、金黄色葡萄球菌、粪大肠菌群、铜绿假单胞杆菌的含量，检测方法和限值参照《化妆品卫生规范》（2007 版）。检测结果为细菌总数、霉菌和酵母菌总数< 10；金黄色葡萄球菌、粪大肠菌群、铜绿假单胞杆菌均未检出。

10. 制备的冰菜提取液进行成分检测

植物盐：589.4 mg/100g（其中含钠：72.4 mg/100g，钾：436 mg/100g，铁：

0.316 mg/100g，钙：34.12 mg/100g，锌：0.186 mg/100g，铜：0.0436 mg/100g，磷：32.68 mg/100g，镁：13.28 mg/100g，锰：0.378 mg/100g）。

维生素：4.48 mg/100g（其中维生素 C：2.84 mg/100g，维生素 E：1.5 mg/100g，维生素 B_1：0.0256 mg/100g，维生素 B_2：0.06 mg/100g，维生素 B_6：0.0504 mg/100g）。

总氨基酸：53 mg/100g。

蛋白质：1212 mg/100g。

肌醇（松醇）：153 mg/100g。

β－胡萝卜素：1.9 mg/100g。

果酸：242.4196 mg/100g（其中草酸：196 mg/100g，柠檬酸：46.4 mg/100g）。

11. 对冰菜提取液进行安全性验证

（1）多次皮肤刺激性试验

检测依据：《化妆品卫生规范》（2007 版）皮肤刺激性 / 腐蚀性试验方法。

检测步骤：试验前约 24 h，将新西兰兔背部脊柱两侧毛剪掉，左、右各约 3 cm × 3 cm。取受试物约 0.5 mL（g）直接涂在皮肤上，然后用二层纱布（2.5 cm × 2.5 cm）和一层玻璃纸覆盖，再用无刺激性胶布和绷带加以固定。另一侧皮肤作为对照。采用封闭试验，敷用时间为 4 h。试验结束后，用温水或无刺激性溶剂清除残留受试物。于清除受试物后的 1 h、24 h、48 h 和 72 h 观察涂抹部位皮肤反应。在观察期内受试新西兰兔皮肤均未出现红斑和水肿的皮肤刺激反应。

检测结果：依据《化妆品卫生规范》（2007 版）皮肤刺激性 / 腐蚀性试验判断标准，被检测的冰菜提取物多次皮肤刺激强度为无刺激性。

（2）冰菜提取物眼刺激替代实验

检测步骤：鸡胚尿囊绒毛膜实验。取孵化至第 7 d 的受精蛋，打开气室，剥去内壳膜暴露出尿囊绒毛膜，可看到新生血管。用无菌透明胶纸封闭窗口，继续孵化 1 d。第二天将孵化正常的鸡蛋分为 3 组，实验组 3 枚（灭菌冰菜提取液），阴性（灭菌生理盐水）和阳性［1%SDS（过滤除菌）］对照组各1枚，揭去透明胶纸，分别将测试物滴入尿囊绒毛膜，观察是否有出血、凝血、血管溶解现象及出现的时间，按公式进行打分评价。

检测结果：冰菜提取液涂抹鸡胚尿囊绒毛膜后，无出血、凝血和血管溶解现象，刺激积分为0分，因此冰菜提取物对鸡胚尿囊绒毛膜刺激强度为无刺激性。

（3）人体斑贴试验

检测依据：《化妆品卫生规范》（2007版）人体皮肤封闭型斑贴试验方法。

检测步骤：将冰菜提取物放入斑试器小室内，用量为0.020 mL~0.025 mL。对照孔为空白对照。将加有冰菜提取物的斑试器用低致敏胶带贴敷于受试者的背部，用手掌轻压使之均匀地贴敷于皮肤上，持续24 h。分别于去除受试物斑试器后30 min（待压痕消失后）、24 h和48 h按标准观察皮肤反应。在观察期内实验组皮肤均未出现红斑、水肿等阳性反应。

检测结果：依据《化妆品卫生规范》（2007版）人体皮肤封闭型斑贴试验判断标准，送检的冰菜提取物对人体皮肤不良反应的潜在可能性为阴性。

12. 冰菜提取液进行功效性验证

（1）美白祛斑功效验证

验证原理：酪氨酸酶活性抑制实验。人类皮肤的颜色与皮肤中存在的色素的种类和数量有关，黑色素对皮肤颜色影响最大。酪氨酸酶是黑色素生成的关键酶，它控制着黑色素的形成过程，其活性程度对色素的沉积起主要作用。美白、祛斑产品都是以抑制酪氨酸酶达到美白作用，故对酪氨酸酶抑制作用的强弱是评价增白化妆品的主要指标。酪氨酸酶既能催化*L*–酪氨酸生成*L*–多巴，又能催化*L*–多巴氧化为多巴醌，多巴醌为红色，在475 nm可以测定其吸光度值，从而评价酶活性抑制效果。

验证步骤：按顺序和剂量准确移取试剂，置于37℃水浴中恒温10 min后，各加入0.40 mL酪氨酸酶溶液，混匀，37℃温育反应10 min，迅速移入比色皿中，测得在475 nm处的吸光度A_a、A_b、A_c、A_d，然后按公式计算提取液对酪氨酸酶的抑制率。

验证结果：不同浓度的冰菜提取液对酪氨酸酶活性均有抑制作用，添加量达到20%时抑制率能达到65.47%，验证结果说明冰菜提取液有良好的美白祛斑功效。

（2）抗自由基、抗衰老功效验证

验证原理：自由基清除实验。自由基对细胞的损伤是皮肤衰老的重要原因之一，在机体代谢过程中产生的具有高度化学活性的自由基，极易对组织细胞的生物大分子，如核酸、蛋白质、多糖和脂类等造成损伤。自由基是衰老的重要启动因素，对组织细胞的损伤反应是缓慢、反复、渐进地进行，并具有累积效应。对自由基的清除效果是评价产品抗衰老性质的主要指标。

验证步骤：DPPH自由基清除活性验证。在10 mL比色管中依次按剂量准确移取试剂，混匀后立即用1 cm比色皿在517 nm波长处测吸光值（A），吸光值记为A_i，再在温室避光保存30 min后测吸光值，记为A_j，对照试验为只加DPPH的乙醇溶液，其吸光值记为A_c。按下式计算自由基清除率（K），$K(\%)=[1-(A_i-A_j)/A_c]\times 100\%$。试验重复3次，取其平均值作为最后结果。

羟自由基清除能力验证。在比色管中依次先加入试剂后摇匀，37℃水浴加热15 min后取出，测其510 nm处吸光度。

超氧阴离子清除功效验证。依次加入试剂，将各管在4000 lx下应25 min。560 nm下测定吸光值，重复3次。超氧阴离子清除率计算公式为：清除率（%）=［A（空白样）－A（样品）］/A（空白样）×100%。

验证结果：不同浓度的冰菜提取液对DPPH、羟自由基和超氧阴离子自由基均具有清除作用，验证结果说明冰菜提取液具有良好的清除自由基、抗衰老功效。

（3）补水保湿功效验证

验证原理：采用电容法测量人体皮肤角质层的水分含量。其原理是基于水和其他物质的介电常数差异显著，按照皮肤含水量的不同，测得的皮肤的电容值不同，其观测参数可代表皮肤水分值。通过 2 组温度、湿度传感器测定近表皮（约 1 cm 以内），由角质层水分散失在不同两点形成的水蒸气气压梯度，直接测出经表皮散发的水分量。经皮水分散失值是皮肤屏障好坏的一个重要标志，越低说明皮肤的屏障功能就越好，反之，则越差。

验证步骤：测试环境温度为 22℃ ±1℃，空气相对湿度为 50%±5%，有效志愿者 30 名，年龄在 16 岁 ~65 岁之间。实验中，左右手臂内侧标记 3 cm×3 cm 试验区域，冰菜组和空白对照组均随机分布在左右手臂上。使用电容法皮肤测定仪进行受试区域和对照区域的测量，每个区域依照平行测定 5 次。先测量各测试区域的空白值，然后按 2 mL/cm^2 ±0.1 mL/cm^2 样品用量，使用乳胶指套将试验产品均匀涂布于试验区内。涂抹后，分别测量 1 h、2 h 和 4 h，受试区域和空白对照区域的皮肤含水量和水分散失率。

验证结果：不同浓度的冰菜提取液均具有提高皮肤的含水量和减少经皮水分散失的效果。验证结果说明冰菜提取液具有良好的补水保湿功效。

（4）抗敏修复功效性验证

验证原理：RBC 溶血刺激模型检测对 SDS 致细胞膜刺激损伤的抑制实验。当血液中红细胞发生破裂，红细胞内血红蛋白逸出，测定逸出的血红蛋白反应的吸光度值，根据吸光度值的高低，可以判定红细胞受到损伤的程度。血红蛋白漏出量越多，表明损伤越大，也说明了待测物的致敏性和安全性。SDS 能导致红细胞膜破裂，原料与 SDS 共同作用于红细胞后，检测红细胞破裂减少程度，可判定原料的抗敏、抗刺激功效。

验证方法：取新鲜牛血，加入抗凝剂，室温下 1500×g 离心 15 min 后吸去上清液，用 PBS 缓冲液混洗离心管中的 RBC 4 次，去除大量的白细胞、血浆和黄色的碎片，将离心管中的 RBC 添加适量葡萄糖，使葡萄糖终浓度为 10 mmol/L，密封，于 4℃冰箱保存备用。实验前，以 PBS 调 RBC 终浓度为 8×10^9 个 /mL 待用。实验分为 3 组：①心阳性对照组：向 1.5 mL EP 管中加入 25 μL RBC 悬液，935 μL PBS 和 40 μL 质量浓度为 1.0 mg/mL 的 SDS 溶液，37℃下 150 r/min 振荡孵育 10 min。②测试样品自溶对照：分别向 1.5mL EP 管加入不同浓度的冰菜提取液（5%、10%、15%、20%），加入 PBS 至 975 μL 混匀。快速加入 25 μL RBC 轻缓混匀，37℃下 150 r/min 振荡孵育 30 min。③样品＋SDS 组：分别向 1.5 mL EP 管加入不同浓度的冰菜提取液（5%、10%、15%、20%），再加入 PBS 至 935 μL，混匀后加入 25 μL RBC，振荡孵育 30 min 后取出，加入 40 μL 质量浓度为 1.0 mg/mL SDS 液，振荡孵育 10 min。11180×g 离心 1 min 终止 3 组反应，取上清液于 1 cm 比色皿中于 530 nm 波长处测吸光度，计算溶血率。其中，阳性对照组和测试样品自溶组的比较可表征该样品的刺激性，阳性对照组和样品＋SDS 组的比较可表征该样品的抗刺激性。

验证结果：不同浓度冰菜提取液自溶组没有发生明显的血红细胞溶血现象，溶血率低于 2.5%，没有使血红细胞发生明显的受损和刺激，即均没有明显的刺激性。实验组（冰菜提取液＋SDS 组）与阳性组（SDS 组）对比，不同浓度冰菜提取液对 SDS 致损血红细胞均有很强的抑制作用，验证结果说明冰菜提取液具有良好的抗过敏、抗刺激效果。

十一、冰菜提取液制备护肤湿巾

将水解鳕科鱼皮蛋白、紫芝多糖和去离子水混合，置于 45℃，在 200 r/min 的搅拌速度下混合 15 min，得到混合物 A；将山布枯叶提取物和石榴皮提取物混合均匀后，置于 120℃的蒸汽下蒸 1 h，得到混合物 B；将桃花提取物和冰菜提取物混合均匀后，置于 95℃的蒸汽下蒸 25 min，得到混合物 C；将混合物 A 与混合物 B 混合，置于 80℃，在 500 r/min 的搅拌速度下混合 5 min，得到混合物 D；将混合物 C 与混合物 D 混合，置于 88℃，在 1000 r/min 的搅拌速度下混合 4 min，然后置于 125℃的蒸汽下蒸 1 h，得到混合物 E；过滤，得到滤液，滤液进行杀菌消毒，将滤液喷洒在基材上，即得护肤湿巾。

第二节 黄酮类化合物开发利用

一、黄酮的提取

乙醇浓度60%，料液比1 ： 25（mg ： mL），超声温度45 ℃、时间120 min、功率250 W，得率可达2.776%；通过UV－Vis分析水晶冰菜总黄酮具有C6－C3－C6特征结构，傅立叶变换红外光谱FT－IR也显示其含有O－H、C－H、C=O、C=C、酚羟基等多种特征官能团的振动吸收峰，符合黄酮类化合物的典型结构；通过UPLC－MS/MS检测到纯化物中含有橘皮素、川橙皮素、杜鹃素、原儿茶醛、地奥司明、柚皮苷查尔酮、甜橙黄酮、柚皮素、芦丁等30多种黄酮类化合物，其中橘皮素的相对百分含量最高，为50.854%±0.089%。

在乙醇浓度60%、料液比1 ： 15、提取温度50℃、提取时间120 min的条件下，冰菜总黄酮提取率可达4.91%。在质量浓度为0.02 mg/mL~0.1 mg/mL范围内，冰菜总黄酮提取物均具有抗氧化活性，且质量浓度越大，抗氧化能力越高。

正丁醇和乙酸乙酯萃取组分中总黄酮含量分别为191.0 mg/g、184.5 mg/g，抗氧化活性显著高于其他组分；而且不同萃取组分在3种反应体系中也表现出不同程度的自由基清除能力，其中正丁醇萃取组分对DPPH·、·OH的清除能力最强，IC50值分别是0.013 mg/mL、0.049 mg/mL，而乙酸乙酯萃取组分对O_2^-·的清除作用最强，IC50值为0.156 mg/mL。

当粗提物质量浓度0.3 g/L、pH 4、上样流速60 mL/h、上样体积56 mL、洗脱液为浓度80%乙醇溶液、洗脱液pH 6、洗脱流速60 mL/h、洗脱体积128 mL时，通过D101型大孔树脂纯化后水晶冰菜总黄酮纯度为57.67%，较粗提物提高了2.98倍。

二、冰菜黄酮在食品中的应用

食品中使用最多的抗氧化剂是人工合成的抗氧化剂，如 BHT、BHA、TBHQ 等，添加种类、添加量不合适都容易引起食品安全问题。冰菜黄酮作为天然的抗氧化剂添加到食品当中，如添加到油脂当中作为天然抗氧化，抑制了油脂的氧化，保证了食品安全。冰菜黄酮有抗菌的作用，加到食品当中可以抑制有害菌的生长，可以作为一种天然食品添加剂。

三、冰菜黄酮在化妆品中的应用

化妆品中的人工合成的抗氧化剂、抑菌剂容易引起安全问题，将冰菜黄酮作为一种天然的抗氧化剂、抑菌剂加入，不仅降低了产品的成本，而且提高了化妆品的安全性。冰菜黄酮是安全优良的化妆品添加剂。

四、在药学中的应用

冰菜黄酮类物质不仅可以保护心血管、清除自由基，而且有降血压、抗肿瘤、增强机体免疫力等多种药理作用。由于冰菜黄酮具有多种药理活性作用，可以将其作为原料添加到药品中。

第三节　功能成分提取

一、冰菜多酚

乙醇浓度 60%，料液比 1 ∶ 10（g ∶ mL），提取温度 80℃，提取时间 120 min，此条件下冰菜多酚提取率为 1.42%。冰菜多酚提取物对 1,1－二苯基 -2- 三硝基苯肼（DPPH）自由基和羟基自由基的清除率随多酚质量浓度的增加而增加，当多酚提取物质量浓度为 0.10 mg/mL 时，对 DPPH 自由基和羟基自由基的清除率最大，分别为 64.19% 和 88.10%。另外，冰菜多酚提取物对大肠杆菌的抑制作用明显，当提取物质量浓度为 3 mg/mL 时，抑菌圈直径为 12 mm。

二、冰菜 *D*- 松醇提取物

1. 冰菜预处理

取冰菜进行清洗，并切成片段。

2. 真空冷冻联合真空微波干燥

将冰菜片段进行冷冻过夜，冷冻后的冰菜移入真空冷冻干燥室进行连续干燥，然后将冷冻干燥后的冰菜转入微波真空干燥机内再次干燥。真空冷冻干燥室的腔内压强为 3 Pa~4 Pa，冷阱温度为 –56℃ ~–48℃，加热板温度为 25℃，连续干燥时间为 8 h~16 h，微波强度为 6 W/g~10 W/g，保持 8 min~15 min。

3. 粉碎

将干燥后的冰菜粗品进行粉碎，并过 50 目 ~200 目筛得到冰菜干粉，然后于常温环境下保存，用于下一步提取。

4. 提取冰菜 *D*- 松醇

将冰菜干粉加入纯水中进行提取，采用响应面法设定提取的变量参数，提取温度 50℃ ~90℃，提取时间 60 min~120 min，料液比（10~30）：1。提取结束后，真空抽滤，得到含有 *D*- 松醇成分的提取液。

三、色素

冰菜叶片叶绿素是重要的天然色素，由叶绿酸、叶绿醇和甲醇三部分组成，广泛存在于所有可能光合作用的高等植物的叶、果和藻类中，在活细胞中与蛋白质相结合形成叶绿体。叶绿素提取物可用于油溶性食品的着色和复配，或用乳化剂乳化后得到微水溶性乳状液体。

四、多糖

冰菜提取物中多糖含量为 11.21%。冰菜多糖提取物对羟基自由基、1,1-二苯基-2-三硝基苯肼（DPPH）、亚硝酸根离子均有较好的清除效果。但冰菜多糖提取物总还原能力明显低于维生素 C。在一定添加量范围内，冰菜多糖提取物对动物油和植物油的抗氧化能力随浓度成正相关。此外，冰菜多糖提取物对大肠杆菌、枯草芽孢杆菌具有抑菌活性，且对枯草芽孢杆菌的抑菌能力强于对大肠杆菌的抑菌能力。表明冰菜多糖提取物具有一定的抗氧化能力和抑菌活性。

第八章
福建地区冰菜种植的可推广性探讨

DIBAZHANG
FUJIANDIQU BINGCAIZHONGZHI DE KE TUIGUANGXING TANTAO

实施乡村振兴战略的总目标是实现农业农村现代化，如何种植新型经济作物，提高农田种植的经济效益，促进农业经济可持续发展，是目前农业科研工作面临的课题之一。研究、引进、培养和种植新型蔬菜是当前具有现实意义的重要工作。随着温室效应加剧，全球海平面不断上升，带来的一系列问题需要引起我们的重视。伴随科技不断发展，生活水平不断提高，人们对具有保健功能的蔬菜也愈发重视。冰菜作为一种经济价值较高的新型蔬菜，对于提升农田种植经济效益和改良土壤盐渍化有着重要意义。

为助力农业农村现代化，提高农田种植的经济效益，促进农业经济可持续发展，改善沿海地区土壤盐渍化情况，从推进实施乡村振兴战略角度，通过查阅国内外近年来有关冰菜研究的文献资料，总结到目前为止国内研究冰菜的成果及产业化现状，就近几年引进的新品种冰菜的种植推广及其产品开发表现出的未来发展趋势进行分析，对沿海地区土壤盐渍化的对策进行合理建议。当前沿海地区对海水入侵区域开发较少，冰菜种植的推广对促进当地农业增收、区域经济水平发展、农民脱贫致富具有重大战略意义。

第一节　福建地区推广冰菜种植的意义

一、冰菜的市场价值

随着现代科学技术的提高，人们生活水平也逐步上升，健康的饮食逐渐成为都市人的追求，人们对保健类食品、绿色有机食品的需求量也在不断上升，供给需求仍有较大发展空间。冰菜的种植符合市场实际需要，且市场前景较好，发展种植冰菜或将成为助力当地优化农业产业结构的好帮手。

冰菜是一种新引进的植物，具有大量的功能性成分，包括醇类的肌醇、松醇、芒柄醇，矿物质类的钠、钾、钙、锰、镁、锌，维生素类的维生素 A、维生素 B_5、维生素 K，有机酸类的苹果酸、柠檬酸，以及黄酮类化合物。这些成分使得冰菜具有了降血糖、提高免疫力、抗氧（老）化的作用。作为一种保健蔬菜，冰菜无疑有了较高的市场价值，冰菜又处于引进初期，有着良好的市场前景。其每亩经济效益远超福建地区原有蔬菜品种。如海南省引种的冰菜品质好，亩产量达到了 3000 kg，又是专供高档酒店，价格则是达到了 70 元 /kg，每亩经济效益在 8 万 ~10 万元不等，远远超出福建地区原有品种蔬菜平均每亩 1 万元左右的经济效益。

二、冰菜的社会价值

近几年，极端气候加剧，全球变暖导致海平面上升，土壤盐渍化问题日益严重，据资料统计我国土壤盐渍化面积达 1 亿公顷以上，寻求培育耐盐碱作物的前景广阔，具有重要的现实意义。冰菜在盐碱土地上生长时能汲取盐分，减轻土壤盐渍化程度；其在生长过程中还能够吸收土壤中的重金属，净化土质。冰菜的种植能够改良劣质土壤，提高农业种植效益，改善当地生物多样性，具有重大的现实意义。根据实验检测结果，冰菜的成熟叶片里的盐含量能达到 6%，对比每千克鲜叶片含盐量为 0.6% 的新西兰菠菜，冰菜的盐分吸收能力是新西兰菠菜的 10 倍。种植新西兰菠菜时，每茬每亩可脱去土壤 30 余 kg 盐分，同理可证，长期种植冰菜可以大大降低土壤中的含盐量。

通过对福建省海洋与渔业厅编制的《2018 年福建省海洋灾害公报》与福建省地质工程勘察院的一系列资料的收集与整理，在福州、莆田、泉州、漳州均有发现海水入侵，其中漳州地区检测到硫酸盐类型土壤盐渍化，漳浦地区距离海岸 1.4 km~3.9 km 的监测过渡区已遭海水入侵。福建地区土壤盐渍化程度多为中盐渍土，即 1000 kg 土壤中含盐能达到 3 kg~4 kg。在这种情况下，冰菜的种植可以有效地脱除土壤中的盐分，优化福建地区的土壤结构，并改善土壤的盐渍化情况。

三、冰菜种植及产业发展现状

1. 当前国内冰菜种植及发展现状

冰菜在我国推广时间较短，当前冰菜多在海南、浙江、江苏、广西、北京等地种植，种植面积较小，没有形成完整的产业链，栽培技术仍不成熟，冰菜栽培的产量和品质还远不能满足需要。种质资源较弱、农业工作者对其了解不足是制约冰菜产业发展的主要因素。

相较于原产地纳米比亚和引进地日本，国内的冰菜市场还有待拓展。我国冰菜种植进口依赖性较强，种质资源并不丰富，栽培技术的不成熟导致质量不稳定，难以满足当前的市场需要。福建省作为一个沿海大省，海水入侵区域的盐碱化土壤既是冰菜产业发展的机遇，也是挑战。

2. 福建地区冰菜种植优势及发展现状

根据冰菜生长所需条件，在我国南方热带、亚热带很多地区都可以种植，福建位于我国东南沿海，受到季风环流和地形的影响，形成了暖热湿润的亚热带海洋性季风气候，热量丰富，雨量充足，阳光丰沛。冰菜的适宜生长温度是5℃~30℃，以20℃~25℃为最佳，福建年平均气温为17℃~21℃，能够满足冰菜的生长需要。

当前福建市场上的冰菜主要来源于山东寿光一带，冰菜产业有待发展。福建有着全国最曲折的海岸线，拥有总面积约20万 hm^2 的潮间带滩涂，种植1亩水晶冰菜，可收获1500 kg，以批发价20元/kg计算，1亩地的产值可达3万元左右。冰菜种植的推广对改善福建地区土壤盐渍化情况，促进当地农业增收、区域经济水平发展、农民脱贫致富具有重大战略意义。

3. 福建省冰菜种植加工发展方向分析

乡村是具有自然、社会、经济特征的地域综合体，兼具生产、生活、生态、文化等多重功能，沿海地区作物的推广也要符合乡村振兴战略的要求，贴合乡村生产、生活、生态、文化等功能需求。

当前冰菜的加工发展方向随着科技发展和居民生活水平提高而日趋丰富。随着健康的饮食逐渐成为都市人的追求，冰菜作为一种新型绿色蔬菜可以鲜食、烹调成菜肴、加工成饮料、脱水做成蔬菜干当作零食或者咸菜原料等，通过深加工可以提取经过冰菜转化吸收的低钠盐或是提取加工制成类似味精的调味品，让污染的土地上产出可以正常食用的食盐产品，具有很强的应用前景。

冰菜除了食用，还可药用。冰菜除了含有低钠盐外，还含有多种氨基酸，可以减缓脑细胞的老化速度、强化脑细胞功能，它所含的黄酮类物质还可预防糖尿病。冰菜在它的老家非洲有被作为肥皂和医药使用的记录，在日本，它的有效成分还被提取制成化妆品。冰菜不仅可以满足生产生活的需要，同时还能满足乡村振兴战略对生态、文化的需求，不仅可以通过吸收盐分改善土壤结构，还可以通过大面积种植形成独特景观。冰菜花色绚丽，大面积种植时玫红色的花色与晶莹的盐泡在阳光下相互交映，可以结合当地特色，打造成地标型旅游产品。除了改良土壤，冰菜的引进还能改善小范围生态环境，提升生物多样性。

第二节　福建地区冰菜种植加工发展建议

依托福建地区曲折的海岸线与广袤的潮间带带来的区域生态资源优势，发挥冰菜种植产业优势应当在绿色化、优质化、特色化、品牌化发展上下功夫。

一、规模化种植，打造种植生产基地

为降低综合种植成本，提高冰菜生产的组织化程度，应当加强目标管理，选择符合冰菜生长条件的地区或是营造适宜冰菜生长的小环境。采用连片种植、大棚种植等模式，建设冰菜种植生产基地，标准化管理，提升冰菜品质与产量，从而使得福建冰菜产业实现绿色化发展。

二、选育优良品种，提升种质资源

选育优良品种，提升种质资源依托不同产地冰菜种质资源，建立种质资源库，选育适宜当地种植的品种，从种子开始提高作物品质。可采用小规模种植实验，引进、繁育和推广具有良好抗性、品质优良、产量较高、效益良好的优良品种，打造优质化的冰菜种植产业。

三、增强技术指导，科技助力

冰菜引进种植后，当地应加强技术培训，对生产的每一个环节进行技术指导，从而全面提升标准化生产程度。冰菜作为一种新引进的蔬菜，在种植技术方面与传统作物有较大不同。目前，我国在冰菜的引进种植中做得较为出色的主要是海南、广西地区，福建沿海土壤盐渍化情况和海南具有相似性，气温和降水条件相似但仍有所不同，因此冰菜的种植还是需要因地制宜，根据不同的种植条件进行种植方式调整，找寻适合福建地区的种植方案与栽培技术。

四、产销加工一体化，健全冰菜种植产业链

建设发展种植、仓储、加工、销售一体化冰菜产业，推进产学研一体化，建立健全冰菜产业链。技术团队与农业工作者合作，为其提供产前、产中、产后指导服务，企业提前交付订单，农村集体按需生产，让农民们种的安心、放心，解决农民的后顾之忧。龙头企业建设完整的加工产业链，如菜干生产线、生物盐生产线等，发挥其示范作用，带动农村群众脱贫致富，促进农民增产增效增收。通过产学研一体化促进冰菜产业链向下游延伸发展，技术指导助力冰菜田间管理，生产实践反哺专业人才培养，形成良好的发展循环。

冰菜作为一种新引进的蔬菜，不仅能够满足蔬菜的食用需求，还能通过深加工衍生出一系列产品，形成独有的特色产业。它的生长速度快，产量高，每

亩经济效益能达到上万元，具有较高的经济价值，它美味可口又具有美容保健的功效，隐含着巨大的发展潜力。冰菜在种植过程中对土壤盐分和重金属进行吸收，能够改良土质，为建设绿水青山的环境出一份力，具有独特的社会价值，适宜在福建地区进行种植。

当前冰菜产业发展缓慢，与目前存在的几个主要问题密切相关：一是冰菜为外来引进的新植物品种，冰菜的栽培与管理方式与传统蔬菜大相径庭，栽培技术尚不成熟，功效也未推广；二是冰菜资源的利用和开发研究滞后；三是国内产地分散，也缺乏相关产业的龙头企业。

在此，结合以上问题，提出相关建议。首先，可以通过研究院所、科研院校和实体经济相结合，实现产学研一体化加强研究，及时为农民的种植提供技术支持，让学校和生产企业走得更近，便于及时为企业提供技术指导，帮助企业加强田间管理，促进以冰菜为代表的蔬菜产业链向下游延伸。通过合作研究深加工，扩大冰菜的应用范围，更有效地提高经济效益。其次，现有的蔬菜物流补贴政策对降低物流成本、促进蔬菜产业发展、增加农民收入有着非常积极的意义，可以加强物流补贴，减少物流成本，让农民的钱袋子真正鼓起来。最后，加强冰菜的行业宣传推广力度，让农民想种、愿意种、多种，提倡农民通过网络进行信息发布和销售，扩大销路，促进销售，让农民种得多，销得掉，才能有好的效益。

附录 A
A 级绿色食品 冰菜生产技术规程

1. 范围

本标准规定了 A 级绿色食品冰菜生产的产地环境、生产技术等。本标准适用于河北省 A 级绿色食品冰菜生产。

2. 规范性引用文件

下列文件对于本文件的应用是必不可少的。凡是注日期的引用文件，仅注日期的版本适用于本文件。凡是不注日期的引用文件，其最新版本（包括所有的修改单）适用于本文件。

GB 16715.5—2010 瓜菜作物种子 第 5 部分：绿叶菜类

NY/T 391—2010 绿色食品 产地环境质量

NY/T 393—2020 绿色食品 农药使用准则

NY/T 394—2010 绿色食品 肥料使用准则

3. 产地环境

应符合 NY/T 391 的要求。

4. 生产技术

（1）地块选择

应选择地势平坦、排灌方便、肥沃疏松且富含有机质的壤土类地块，土壤 pH6.5~7。前茬以葱蒜类作物为最好，其次是瓜类和豆类作物，应避免与绿叶菜类蔬菜连作。

（2）品种选择

选用优质、高产、抗逆性强、商品性好的品种。

（3）种子质量

应符合 GB 16175.5 的要求。

（4）用种量

每亩种植面积用种 4 g~6 g。

（5）茬口安排

日光温室春季1月播种、2月定植、3月~6月采收，秋季9月播种、10月定植、11月开始采收，长季节栽培可一直采收至第二年6月；塑料大棚春季2月~3月播种、3月~4月定植、4月~6月采收，秋季8月初播种、8月底定植、9月下旬~11月上旬采收。

（6）播种育苗

种子处理：将种子在 20℃~30℃的温水中浸泡 3 h，沥干水分后播种。

播种：在日光温室或塑料大棚中利用平盘播种育苗，播种前浇足底水，及时覆盖厚度 0.3 cm 的基质，覆盖地膜保温保湿。

分苗：1 片~2 片真叶时，分栽到 50 孔或 72 孔穴盘中。

苗期管理：出苗后逐步增加光照，温度保持 15℃~25℃，温度高时应通风降温。水分掌握“见干见湿，一次浇透”的原则，宜采用喷雾式浇水方法。秋季育苗时，采取通风、覆盖遮阳网等措施降温。4 片~5 片真叶时定植。春季苗龄 30 d~40 d，秋季苗龄 20 d~30 d。

（7）定植

整地施肥：每亩施优质腐熟细碎的有机肥 2000 kg~3000 kg、复合肥料（$N : P_2O_5 : K_2O = 15 : 15 : 15$）20 kg~40 kg。使用肥料的原则和要求按 NY/T 394 执行。混匀后，将地整平，做成 1.2 m 宽平畦，耙平畦面。

定植密度：株行距 30 cm × 40 cm 每亩 2500 株~2700 株。

定植方法：定植时应保证幼苗茎叶和根坨的完整，定植深度以根坨的上表面与畦面齐平或稍深（不超过 2 cm）为宜，定植后浇足定植水。

（8）定植后管理

温度和光照管理：冰菜生长适宜温度为15℃~30℃，设施栽培白天温度20℃~30℃，夜间温度15℃~20℃，应及时通风降温除湿，夏季应覆盖遮阳网遮光降温。

水肥管理：在叶片略显萎蔫时补充水分，以浇透为宜。中后期，根据长势情况，适时浇水追肥，每亩每次追施高氮复合肥15 kg。

（9）病虫害防治

主要病虫害：主要虫害有蚜虫、白粉虱等。

防治原则：按照“预防为主，综合防治”的植保方针，坚持以农业防治、物理防治、生物防治为主，化学防治为辅的防治原则。使用农药的原则和要求按NY/T 393执行。

防治方法：农业防治：将残枝败叶和杂草清理干净，进行无害化处理，保持田园清洁；选择抗病品种：轮作倒茬等措施进行综合防治。物理防治：温室大棚利用防虫网进行物理隔离，悬挂黄、蓝粘虫板防治蚜虫和白粉虱。生物防治：积极保护利用害虫天敌，害虫发生初期或高峰期可进行人工释放。宜进行丽蚜小蜂和东亚小花蝽混合释放，防治粉虱、蚜虫等害虫。药剂防治：优先选用生物源农药、矿物源农药，合理混用，轮换、交替用药，农药使用要严格遵守安全间隔期。蚜虫、白粉虱可用吡蚜酮、噻虫嗪等防治。

（10）采收

定植后20 d~30 d，待侧枝长约10 cm时，选取生长密集处的侧枝，自茎尖向下约8 cm处用剪刀将侧枝剪断采收。

附录 B
日光温室冰菜栽培技术规程

1. 范围

本标准规定了日光温室冰菜栽培的术语和定义、场地选择、育苗、移栽定植、田间管理、主要病虫害防治及采收的技术要求。

2. 规范性引用文件

下列文件中的内容通过文中的规范性引用而构成本文件必不可少的条款。其中，注日期的引用文件，仅该日期对应的版本适用于本文件；不注日期的引用文件，其最新版本（包括所有的修改单）适用于本文件。

GB/T 8321.10—2018 农药合理使用准则（十）

GB 16715.5—2010 瓜菜作物种子 第 5 部分 绿叶菜类

NY/T 496—2010 肥料合理使用准则（通则）

NY/T 5010—2016 无公害农产品 种植业产地环境条件

DB64/T 894—2013 黄瓜集约化穴盘育苗技术规程

3. 术语和定义

下列术语和定义适用于本文件。

冰菜 *Mesembryanthemum crystallinum* L.

冰菜为冰菜科日中花属，一、二年生草本植物，原产于南非，是近年从日本引进的新品种蔬菜。

4. 场地选择

选择土质疏松、排灌良好的沙质土或沙壤土日光温室栽培。按照 NY/T 5010—2016 执行。

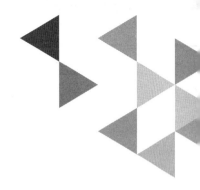

5. 育苗

（1）种子的选择

选取新鲜、籽粒饱满、无病虫害的种子进行播种。按照 GB 16715.5—2010 执行。

（2）种子的处理

冰菜种子先用 55℃温水浸种 30 min，然后用凉水浸种 8 h~12 h 后播种。

（3）育苗方法

第一茬：2 月中旬播种，苗期 54 d 左右。第二茬：8 月中旬播种，采用日光温室或拱棚覆盖遮阳网条件下育苗，苗期 52 d 左右。采用穴盘育苗，商品化育苗基质。播种前先将基质用水拌湿，含水量至 60%，实际操作以手握一把基质成团但不滴水为宜，装盘用木板刮平，垒起轻压，每穴播种 3 粒 ~4 粒种子，用少量蛭石进行覆盖，蛭石厚度约 1 cm。发芽适宜温度在 20℃ ~25℃，20℃为宜。播种后一般在 3 d~4 d 开始发芽，出芽迅速，5 d~7 d 集中出苗，14 d 后出苗基本结束。

（4）苗期管理

按照 D864/T 894—2013 执行。

6. 移栽定植

（1）定植时间

第一茬：4 月上旬定植，生长期为 190 d 左右。第二茬：10 月上旬定植，生长期为 200 d 左右。

（2）定植前准备

定植之前施足基肥，每亩施用农家肥 400 kg~800 kg、复合肥（N ∶ P_2O_5 ∶ K_2O = 15 ∶ 15 ∶ 15) 10 kg~20 kg。整地深耕并耙细整平作深沟高畦，畦宽 90 cm~120 cm，畦高 25 cm~30 cm，沟宽 30 cm。之后使用厚度为一丝的黑色地膜覆盖。

（3）定植方法

选取健壮、生长良好、长势一致、根系发达、无病虫害、具有 4 片以上真叶的幼苗进行移栽定植。移栽时按照 25 cm × 55 cm 的株行距进行挖穴定植，以每亩定苗 3000 株 ~4000 株为宜，定植后浇透缓苗水，覆遮阳网 6 d~7 d，缓苗后拆除遮阳网。

7. 田间管理

（1）水肥管理

冰菜较耐干旱不耐涝。栽培过程中应控制水分，浇水以“见干才浇，浇则浇透”为宜。定苗后控水，定植后 10 d 内不用浇水，后期叶片略显萎蔫时补充水分，以浇透为宜。在移栽缓苗后，每亩追施水溶性肥料（N ∶ P_2O_5 ∶ K_2O = 30 ∶ 10 ∶ 10）1 kg~2 kg，可结合灌水进行施用，每隔 2 周 ~3 周进行 1 次，按照 NY/ T 496—2010 执行。

（2）温度和光照管理

冰菜在日光温室中生长适宜温度为 20℃ ~30℃，24℃为最佳。生长期对高温敏感，当温度高于 30℃时，会抑制植株生长，甚至死亡，尤其在夏季设施栽培应及时通风降温。冰菜喜光照，在整个栽培期间，在适宜的环境温度下，保持棚膜清洁，保证光照充足。

（3）植株调整

采收时可适当对植株进行修剪，及时摘除冰菜下部的大片老叶，降低植株茎叶密度，防止老叶腐烂引起病害。尤其是夏季，防止生长过密、通风不良，以免腐烂引发病害。合理整枝，保持植株间通风透光良好；合理施肥，保持植株健壮。勤通风除湿，以降低真菌性和细菌性病害的发病机会。及时去除病虫枝、消除枯枝落叶等措施抑制或减少病虫害的发生。

8. 主要病虫害防治

（1）防治原则

坚持“预防为主，综合防治”的原则，实施无公害防控技术，优先采用物理防治方法，配合施用高效、低毒、低残留的化学农药。

（2）主要病虫害

主要虫害有蚜虫、白粉虱和金龟子等，主要病害有枯萎病和病毒病。

（3）防治方法

物理防治：增设防虫网：通风口处设 40 目 ~60 目防虫网。悬挂诱杀板：蔬菜定植成活后，在垄沟上方 1.5 m 左右悬桂黄色诱杀板，使用规格为 20 cm × 30 cm，每亩悬挂 30 块 ~40 块，进行诱杀蚜虫、白粉虱等趋黄性害虫。

化学防治：主要病虫害的化学防治按照 GB/ T 8321.10—2018 执行。

9. 采收

（1）采收时间

当植株定植 1 个月左右，进入生长旺盛期，即可对其生长良好，长度在 15 cm 以上的侧枝进行采收。采收选择在一天清晨进行。

（2）采收方法

采收从基部侧枝开始，自茎尖向下截取 8 cm~10 cm，应在枝条第 1 节处留 1 对功能叶，促使次级侧枝的萌发。采收时应对植株进行保护，避免损伤植株或破坏采收枝条的结晶状颗粒。

（3）包装

利用清晨低温或 5℃冷库预冷，采收后装在黑色塑料袋内避光，延长供货期，防止其在储存和运输过程中变质。

参考文献

[1] 常煜华 . 看，那棵穿着水晶外套的菜［J］. 食品与生活，2019(11)：72–73.
[2] 陈宏毅 . 冰菜的生物学特性与栽培技术［J］. 蔬菜，2016(8)：42–45.
[3] 陈靖 . 冀北山区日光温室冰菜栽培技术［J］. 农业开发与装备，2017(12)：142.
[4] 陈蔚林 . 江行玉 . 为盐碱地盖上“厚绿毯”［J］. 农产品市场周刊，2018(19):35.
[5] 陈志新，李广鲁，胡增辉，等 . 外源氯化钙对盐胁迫下冰叶日中花种子萌发的影响［C］. 中国观赏园艺研究进展 2017，2017：654–658.
[6] 储婷，王石麟 . 大棚冰菜、苣荬菜、西洋菜种植技术［J］. 农家致富，2015(23)：28–29.
[7] 杜兰天 . 冰菜居家种植技术［J］. 长江蔬菜，2022(7)：32–34.
[8] 段瑞军，吴朝波，王军，等 . 海水对冰菜生长、营养品质影响及叶片多胺物质耐盐响应［J］. 江西农业大学学报，2019，41(5)：881–889.
[9] 方媛 . 分期播种对日光温室 3 种保健蔬菜生长特性的影响及气候适应性分析［D］. 银川：宁夏大学，2016.
[10] 冯楠 . 无公害水晶冰菜高产栽培技术［J］. 河南农业，2020(4)：51–52.
[11] 傅佳良，韩梦池，邵果园，等 . 新兴保健蔬菜冰菜的引进与栽培技术研究［J］. 北方园艺，2016(14)：58–60.
[12] 付前英，袁九香，宋中权，等 . 长江流域冰菜椰糠无土栽培技术［J］. 现代农业科技，2021(22)：37–38.
[13] 丰宇凯，李飞飞，王华森 . 冰叶日中花耐盐机制的研究进展［J］. 湖北农业科学，2018，57(23)：15–18，147.
[14] 丰宇凯 . 冰叶日中花 McCBL1 基因的克隆及初步功能分析［D］. 杭州：

浙江农林大学，2018.
[15] 国文刚 . 北方地区冰菜温室大棚越冬高效栽培技术 [J] . 农民致富之友，2017(23)：39.
[16] 郭子卿，朱璞，周秦，等 . 冰菜岩棉栽培技术 [J] . 长江蔬菜，2018(7)：35–37.
[17] 郝明梅 . 盐度和氮磷对海马齿和冰菜生物学影响及池塘综合种养模式初探 [D] . 上海：上海海洋大学，2021.
[18] 韩东辰 . 温度调控对冰菜生长和品质的影响 [J] . 现代园艺，2023，46(6)：10–11+14.
[19] 韩东辰 . 冰菜无土栽培营养液配方与管理探讨 [J] . 河南农业，2022(32)：7–9.
[20] 韩明丽，沈卫新，赵根，等 . 保健蔬菜冰菜的生物学特性及关键栽培技术 [J] . 湖南农业科学 , 2018(2)：31–33.
[21] 韩娇 . 转冰叶日中花磷转运蛋白 McPht 转基因水稻对磷素的应答 [D] . 太原：山西师范大学，2017.
[22] 黑银秀，余山红，刘君，等 . 应用正交设计优化冰菜扦插方法 [J] . 中国蔬菜，2019(4)：51–54.
[23] 黄渊军 . 非洲冰花深液流法水培技术 [J] . 农村百事通，2016(11)：32–33.
[24] 黄渊军 . 非洲冰花 [J] . 农村百事通，2015(1)：33+73.
[25] 呼凤兰，李蓉 . 正交试验法优化冰菜面条制作的工艺研究 [J] . 粮食与油脂，2021，34(11)：90–93.
[26] 呼凤兰，周淑萍 . 不同植物生长调节剂对冰菜种子萌发的影响 [J] . 种子，2021，40(6)：112–115.
[27] 胡彬，王志良，王胤，等 . 北京市首次发现紫跳虫为害冰菜 [J] . 中国蔬菜，2017(1)：79.

［28］贾文雄．日光温室冰菜栽培技术［J］．西北园艺，2016(5)：27–28.

［29］焦云鹏．水晶冰菜的营养分析及评价［J］．食品研究与开发，2019，40(9)：181 – 185.

［30］蒋敏，周少梁，李妙玲，等．土壤含水率及盐分对冰菜出苗的影响［J］．现代农业科技，2022(17)：86–88+95.

［31］唐坤宁．冰菜特征特性及栽培技术［J］．农村新技术，2017(6)：14–16.

［32］康卫平，谢彦，龙小平．大棚冰菜基质高效栽培技术［J］．长江蔬菜，2020(5)：37–38.

［33］赖正锋，姚运法，林碧珍，等．低温胁迫对冰菜转录组水平响应分析［J］．分子植物育种，2021，19(22)：7348–7358.

［34］凌剑伊．蔬中贵族：非洲水晶冰菜［J］．农家之友，2017(4)：15–16.

［35］李广鲁，胡增辉，冷平生．冰叶日中花对 NaCl 胁迫的生理响应［J］．北京农学院学报，2015，30(1)：64–70.

［36］李广鲁，王文果，陈志新，等．钙对盐胁迫下冰叶日中花不同器官离子含量和根部 K^+、Na^+吸收的影响［J］．植物科学学报，2018，36(2)：282–290.

［37］李建永．北方地区冰菜温室大棚越冬高效栽培技术［J］．北方园艺，2017(7)：56–57.

［38］李林章，杨维杰，古斌权．特色营养蔬菜冰菜的家庭阳台栽培技术［J］．长江蔬菜，2017(1)：30–31.

［39］李林章，杨维杰，古斌权．“冰菜”的家庭阳台栽培技术［J］．蔬菜，2016(12)：42–43.

［40］李静，佘乐，王锦，等．日光室温环境下的冰菜芽苗菜种植技术［J］．种子科技，2019(13)：111–112.

［41］李树和，工宁，赵倩，等．干旱胁迫对水晶冰菜生长的影响［J］．天津农学院学报，2020，27（3）：35–38.

[42] 李婷婷，戴好富，蔡彩虹，等 . 冰菜乙醇提取物乙酸乙酯和正丁醇相的化学成分分离鉴定［ J ］. 热带作物学报，2020，41(6)：1234–1241.

[43] 李婷婷，蔡彩虹，郭志凯，等 . 冰菜乙醇提取物对乙酰胆碱酯酶的抑制活性［ J ］. 热带农业科学，2019，39(11)：104–108.

[44] 李婷婷 . 冰菜化学成分的分离鉴定［ D ］. 海口：海南大学，2019.

[45] 李婷婷 . 冰菜中黄酮的营养价值及开发利用前景［ J ］. 现代农村科技，2018(3)：60.

[46] 李慧霞，路亚南，杨瑞，等 . 不同浓度和时间 NaCl 处理对水培冰菜生长和盐囊细胞的影响［ J ］. 安徽农业科学，2021，49(14)：57–60.

[47] 李艳芳，呼凤兰，李林玉 . 复盐胁迫对冰菜种子萌发的影响研究［ J ］. 种子科技，2021，39(10)：17–19.

[48] 李云玲 . 特色蔬菜非洲冰草在寿光地区的引种栽培技术［ J ］. 北方园艺，2020(12)：175–177.

[49] 李晓新 . 盐碱胁迫对水晶冰菜幼苗生长的影响［ D ］. 天津：天津农学院，2017.

[50] 李平平，宋玉珍，徐泽恒，等 . 植物 V–H^+–ATP 酶的昼夜活性变化规律及其 A 亚基的同型 (isoform) 表达现象［ J ］. 农业生物技术学报，2011，19(3)：449–454.

[51] 练冬梅，赖正锋，姚运法，等 . 冰菜盐胁迫下的转录组分析［ J ］. 热带亚热带植物学报，2019，27(3)：279–284.

[52] 练冬梅，姚运法，赖正锋，等 . 冰菜主要营养成分及抗氧化活性分析［ J ］. 农业科学，2020，10(5)：225–230.

[53] 练冬梅，李洲，姚运法，等 . 干旱和盐胁迫对冰菜生长及光合特性的影响［ J ］. 中国瓜菜，2023，36(4)：118–123.

[54] 梁昕景，郑宇，韩雪松，等 . 新兴珍贵蔬菜——冰菜的生产管理技术［ J ］. 长江蔬菜，2018(11)：34–36.

[55]刘慧颖，韩玉燕，蒋润枝，等.NaCl对冰菜生长发育及重要品质的影响[J].江苏农业科学，2019，47(15)：184-188.
[56]刘静.大连地区温室冰菜盆栽技术[J].上海蔬菜，2017(1)：17-18.
[57]刘君，余山红，黑银秀，等.冰菜种子采后处理技术和萌发温度的研究[J].中国农学通报，2019，35(14)：62-67.
[58]刘君，朱良其，张加正，等.浙江地区冰菜栽培技术[J].浙江农业科学，2016，57(7)：1089-1090+1095.
[59]刘贤梅，蔡荣靖，朱世银，等.昭通地区冰菜大棚栽培技术[J].上海蔬菜，2022(2)：25-26.
[60]刘晔，王莹.水晶冰菜的特性及简要栽培技术[J].中国农技推广，2019(1)：61-62.
[61]刘艳芝.北京地区水晶冰菜日光温室无土栽培技术[J].长江蔬菜，2021(21)：37-38.
[62]刘宝敬，周庆强.山东半岛地区盐碱地冰菜栽培技术[J].中国蔬菜，2020(7)：109-110.
[63]刘华敏，刘威.冰叶日中花的引种栽培[J].南方农业(园林花卉版)，2011，5(4)：12.
[64]马坤，袁瑗，龚静，等.上海地区冰菜设施栽培技术[J].上海农业科技，2021(2)：68-69.
[65]倪石建，赵从新，何继文，等.德宏地区冰菜冬季简易栽培技术[J].云南农业科技，2019(2)：32-33.
[66]祁永琼，王莉丽，彭健.冰菜大棚栽培技术[J].吉林农业，2016(21)：98.
[67]戚然.新品种引进莫盲目[J].农家致富，2015(7)：17.
[68]忻晓庭，刘大群，郑美瑜，等.热风干燥温度对冰菜干燥动力学、多酚含量及抗氧化活性的影响[J].中国食品学报，2020，20(11)：148-156.

[69] 荣海燕. 不同 NaCl 浓度胁迫对冰菜种子萌发和组培苗生长的影响 [J]. 天津农业科学，2016，22(12)：42–44.

[70] 尚文艳，徐丽娜，计博学，等. 特色高值营养保健蔬菜——冰菜栽培技术 [J]. 中国园艺文摘，2017(9)：181–182.

[71] 尚文艳，许志兴，计博学，等. 特色营养保健高值蔬菜冰叶日中花栽培技术 [J]. 现代农业科技，2017(20)：75–77.

[72] 尚文艳，许志兴，刘海顺，等. 新型特色保健蔬菜——冰叶日中花的阳台栽培管理 [J]. 特种经济动植物，2017(9)：36–37.

[73] 尚文艳，徐丽娜. 特色高值营养保健蔬菜——冰菜栽培技术 [J]. 农村百事通，2017(23)：34–36.

[74] 沈晓奕，周君，许梦娇. 乡村振兴视角下福建地区冰菜种植的可推广性探讨 [J]. 农机使用与维修，2020(5)：3–4.

[75] 史军. 冰草无冰：冰叶日中花的前世今生 [J]. 健康与营养，2016(3)：62–64.

[76] 施海涛. 植物逆境生理学实验指导 [M]. 北京：科学出版社，2016.

[77] 中国农业新闻网. 水晶冰菜成餐桌“新宠” [J]. 农村科学实验，2019(6)：26.

[78] 司聪聪. 不同光谱分布对冰菜生长及品质的影响 [D]. 南京：南京农业大学，2016.

[79] 孙仲夷. 淮安地区冰菜设施大棚栽培技术 [J]. 农家致富顾问，2019(24)：1–2.

[80] 孙美玲，冯晓光，常希光，等. 水晶冰菜总黄酮分级萃取及其抗氧化活性 [J]. 北京农学院学报，2021，36(4)：116–120.

[81] 孙美玲，邱学志，周婧，等. 水晶冰菜总黄酮提取工艺优化、结构表征及组成成分分析 [J]. 食品工业科技，2022，43(4)：196–204.

[82] 孙美玲，冯晓光，侯雪飞，等. 水晶冰菜总黄酮大孔树脂纯化工艺及体

外降糖活性研究［J］. 河南农业大学学报，2021，55(5)：936–944.
［83］孙源. 淮安地区冰菜栽培技术及产业化发展研究［D］. 扬州：扬州大学，2018.
［84］舒悦，李婷婷，曾艳波. 冰菜的化学成分研究［J］. 天然产物研究与开发，2020，32(10)：1704–1708.
［85］陶树春，王兴田，殷芳群，等. 日光温室樱桃番茄套种冰叶日中花栽培技术［J］. 甘肃农业科技，2020(1)：88–91.
［86］汪李平. 新兴珍贵蔬菜——冰菜的高效栽培技术［J］. 农家科技，2018(8)：19–20.
［87］汪李平. 长江流域塑料大棚冰菜栽培技术［J］. 长江蔬菜，2018(12)：21–24.
［88］王电卫. 间作叶菜对大棚连作黄瓜的生物效应和土壤化学性质及酶活性的影响［D］. 杨凌：西北农林科技大学，2022.
［89］王电卫，姚佳睿，咸玉斌，等. 北方塑料大棚冰菜高效栽培技术［J］. 中国瓜菜，2021，34(3)：128–130.
［90］王虹，周强，丁小涛. 植物工厂叶菜类蔬菜高效栽培技术研究［J］. 上海蔬菜，2021(6)：18–20.
［91］王宁. 冰菜室内水培技术［J］. 河北农业，2022(8)：71–72.
［92］王敏，王俊斌，王贞利，等. 冰菜总黄酮的提取优化及抗氧化活性研究［J］. 天津农学院学报，2022，29(1)：33–36+41.
［93］王文果，陈志新，张克中，等. 一氧化氮对 NaCl 胁迫下冰叶日中花种子萌发的影响［J］. 北京农学院学报，2016，31(4)：81–85.
［94］王文果，陈志新，石俊华，等. 外源 NO 对 NaCl 胁迫下冰叶日中花生理指标的影响［J］. 北京农学院学报，2020，35(4)：102–107.
［95］王贞利，王俊斌，王敏，等. 冰菜多酚的提取优化及抗氧化和抑菌活性研究［J］. 天津农学院学报，2022，29(3)：23–28.

[96] 王琛，程爽，刘千铭，等. 海水盐度对冰菜种子萌发影响的实验研究[J]. 中国农业文摘 农业工程，2021，33(2)：29–32.

[97] 王兴翠，张晓艳，裴华丽，彭佃亮. 非洲冰菜组培苗防止玻璃化及快繁体系优化研究[J]. 安徽大学学报（自然科学版），2020，44(2)：96–102.

[98] 王伟，杨莹莹，张广臣，等. 不同规格穴盘对冰菜生长的影响[J]. 黑龙江农业科学，2019(8)：69–72.

[99] 王志和，于丽艳. 非洲冰菜高效栽培技术（英文）[J]. Agricultural Science & Technology，2016，17(12)：2769–2770.

[100] 王石麟. 大棚特种蔬菜水旱轮作效益好[J]. 农家致富，2016(6)：6–7.

[101] 王石麟. 种冰菜收益好[J]. 农家致富，2015(17)：6–7.

[102] 王梦田，朱淑珠，石艳君. 植物激素对冰叶日中花种子萌发的影响[J]. 安徽农学通报，2019，25(6)：147–149.

[103] 肖敏，孙凤梅. 不同改良剂对冰菜鲜湿面条品质的影响[J]. 天津农业科学，2022，28(7)：85–90.

[104] 肖敏，任欢欢. 响应面法优化冰菜山楂果冻的加工工艺[J]. 浙江农业科学，2022，63(7)：1596–1599+1605.

[105] 谢翔，顿子云，刘瑞，等. 不同消毒方法及浓度对冰菜种子萌发与幼苗生长的影响[J]. 天津农业科学，2017，23(6)：92–95.

[106] 徐微风，段瑞军，吕瑞，等. 不同浓度海水胁迫下冰菜表皮盐囊泡数量、形态和含盐量的变化[J]. 江苏农业科学，2019，47(2)：115–118.

[107] 徐微风，覃和业，刘姣，等. 冰菜在不同浓度海水胁迫下的氧化胁迫和抗氧化酶活性变化[J]. 江苏农业学报，2017，33(4)：775–781.

[108] 徐微风. 冰菜对海水倒灌田生态修复以及海水胁迫植物特性变化研究[D]. 海口：海南大学，2018.

[109] 姚运法，练冬梅，林碧珍，等. 硒处理下冰菜的转录组响应及相关基因

功能分析［J］. 西南农业学报，2021，34(12)：2737–2747.

［110］杨雪 . 水晶冰菜冬季棚室栽培技术［J］. 现代农村科技，2022(3)：27–28.

［111］杨千寻 . 第一次吃冰菜［J］. 小樱桃（童年阅读），2015(12)：35.

［112］杨宗芬，王敏，王贞利，等 . 冰菜多糖提取物的抗氧化性及抑菌活性研究［J］. 天津农学院学报，2023，30(1)：1–5.

［113］异域来风 . 水晶冰菜的种植技术［J］. 农家之友，2017(9)：62.

［114］殷芳群，陶树春，王海山，等 . 冰叶日中花在甘肃寒旱农业中的应用研究［J］. 农业科技与信息，2021(2)：43–45.

［115］于丽艳 . 非洲冰菜高效栽培技术［J］. 北方园艺，2016(17)：62 – 63.

［116］袁东娇，刘滢滢，马露，等 . 无公害水晶冰菜高产栽培技术分析［J］. 南方农业，2021，15(20)：17–18.

［117］原产外国的冰菜如何在本地栽培［N］. 东方城乡报，2019–04–30(B02).

［118］张洪磊，刘孟霞 . 冰菜特征特性及控盐高产栽培技术［J］. 陕西农业科学，2015(3)：122.

［119］张华峰，庄定云，张蕾琛，等 . 盐碱地耐盐西瓜—冰菜高效栽培模式［J］. 中南农业科技，2022，43(5)：58–60.

［120］张苏珏，徐燕，董春艳 . 冰菜大棚栽培技术［J］. 农业科技通讯，2017(9)：267–268.

［121］张桢 . 耐盐冰菜工厂化育苗技术［J］. 上海蔬菜，2018(4)：17–18.

［122］张乐，郭欢，包爱科 . 盐生植物的独特泌盐结构——盐囊泡［J］. 植物生理学报，2019，55(3)：232–240.

［123］赵晨 . 冰叶日中花在氯化钠、钠盐、氯盐处理下的生理响应［D］. 济南：山东师范大学，2021.

［124］赵明伟，吕新，张泽，等 . 不同红蓝 LED 光照时间对冰菜生长和品质的影响［J］. 新疆农业科学，2021，58(1)：80–91.

［125］赵明伟．不同温度、光质和光照时间对冰菜生长及品质的影响［D］．石河子：石河子大学，2020.

［126］赵明伟，张泽，贾兴辉，等．不同温度对冰菜种子萌发特性的研究［J］．种子科技，2019，37(9)：20–22.

［127］郑丽华，郑昊，王超，等．盐条件下不同植物生长调节剂对冰菜种子萌发的影响［J］．中国野生植物资源，2019，38(1)：33–38.

［128］周贺芳，张雯．江淮地区非洲冰菜设施高效栽培技术［J］．长江蔬菜，2019(19)：41–43.

［129］周威，徐俊，陆天博，等．不同基质和生根处理对冰菜扦插生根的影响［J］．现代园艺，2021，44(1)：70–71+79.

［130］朱一丹，郭子卿，周秦，等．浙中地区非洲冰菜栽培管理技术［J］．上海蔬菜，2017(1)：23–24.

［131］Agarie S，Kawaguchi A，Kodera A，et al. Potential of the common ice plant，*Mesembryanthemum crystallinum* as a new high–functional food as evaluated by polyol accumulation［J］. Plant Prod Sci，2009，12(1)：37–46.

［132］Shimoda T，Sunagawa H，Nakahara T，et al. Salt tolerance, salt accumulation, and ionic homeostasis in an epidermal bladder–cell–less mutant of the common ice plant *Mesembryanthemum crystallinum*［J］. Journal of experimental botany，2007，58(8)：1957–1967.

［133］An Zhigang，Rainer Low，¨Thomas Rausch，et al. The 32 kDa tonoplast polypeptide Diassociated with the V–type H^+–ATPase of *Mesembryanthemum crystallinum* L. in the CAM state: A proteolytically processed subunit B?［J］. FEBS Letters，1996，389(3)：314–318.

［134］Andrea Becker，Hervé Canut，Ulrich Lüttge，et al. Purification and Immunological Comparison of the Tonoplast H^+–Pyrophosphatase from Cells of Catharanthus roseus and Leaves from *Mesembryanthemum crystallinum*

Performing C3–Photosynthesis and the Obligate CAM–Plant Kalanchoë daigremontiana [J] . Journal of Plant Physiology, 1995, 146(1): 88–94.

[135] Hurst A C, Grams T E E, Ratajczak R. Effects of salinity, high irradiance, ozone, and ethylene on mode of photosynthesis, oxidative stress and oxidative damage in the C3/CAM intermediate plant *Mesembryanthemum crystallinum* L. [J] . Plant, Cell & Environment, 2004, 27(2): 187–197.

[136] Ahmad Mahmood, Rio Amaya, Oğuz Can Turgay, et al. High salt tolerant plant growth promoting rhizobacteria from the common ice–plant *Mesembryanthemum crystallinum* L. [J] . Rhizosphere, 2019, 9: 10–17.

[137] Ahmed M. Abd El–Gawad, Hanaa S. Shehata. Ecology and development of *Mesembryanthemum crystallinum* L. in the Deltaic Mediterranean coast of Egypt [J] . Egyptian Journal of Basic and Applied Sciences, 2014, 1(1): 29–37.

[138] Deters A M, Meyer U, Stintzing F C. Time–dependent bioactivity of preparations from cactus pear (Opuntia ficus indica) and ice plant (*Mesembryanthemum crystallinum*) on human skin fibroblasts and keratinocytes [J] . Journal of Ethnopharmacology, 2012, 142(2): 438–444.

[139] Amezcua–Romero Julio C, Pantoja Omar, Vera–Estrella Rosario. Ser^{123} is essential for the water channel activity of McPIP2;1 from *Mesembryanthemum crystallinum* [J] . The Journal of biological chemistry, 2010, 285(22): 16739–16747.

[140] Anja Krieger, Susanne Bolte, Karl–Josef Dietz, et al. Thermoluminescence studies on the facultative crassulacean–acid–metabolism plant *Mesembryanthemum crystallinum* L. [J] . Planta, 1998, 205(4): 587–594.

[141] Anne M. Visscher, Maggie Yeo, Pablo Gomez Barreiro, et al. Dry heat

exposure increases hydrogen peroxide levels and breaks physiological seed coat-imposed dormancy in *Mesembryanthemum crystallinum* (Aizoaceae) seeds [J] . Environmental and Experimental Botany, 2018, 155: 272-280.

[142] Tzori G, De Vos A.C, Van Rijsselberghe M, et al. Effects of increased seawater salinity irrigation on growth and quality of the edible halophyte *Mesembryanthemum crystallinum* L. under field conditions [J] . Agricultural Water Management, 2017, 187: 37-46.

[143] Agarie Sakae, Umemoto Makiko, Sunagawa Haruki, et al. An Agrobacterium-mediated transformation via organogenesis regeneration of a facultative CAM plant, the common ice plant *Mesembryanthemum crystallinum* L. [J] . Plant Production Science, 2020, 23(3): 343-349.

[144] Aronova E E, Sheviakova N I, Stetsenko L A, et al. Cadaverine-induced induction of superoxide dismutase gene expression in *Mesembryanthemum crystallinum* L. [J] . Doklady biological sciences : proceedings of the Academy of Sciences of the USSR, Biological sciences sections, 2005, 403: 257-259.

[145] Sheriff A, Meyer H, Riedel E, et al. The influence of plant pyruvate, orthophosphate dikinase on a C3 plant with respect to the intracellular location of the enzyme [J] . Plant Science, 1998, 136(1): 43-57.

[146] Rockel B, Jia C, Ratajczak R, et al. Day-night changes of the amount of subunit-c transcript of the V-ATPase in suspension cells of *Mesembryanthemum crystallinum* L. [J] . Journal of Plant Physiology, 1998, 152(2): 189-193.

[147] Barkla Bronwyn J, Vera-Estrella Rosario, Camacho-Emiterio Jesus, et al. Na^+/H^+exchange in the halophyte *Mesembryanthemum crystallinum* is

associated with cellular sites of Na^+ storage [J] . Functional plant biology: FPB, 2002, 29(9): 1017–1024.

[148] Barkla Bronwyn J, Garibay–Hernández Adriana, Melzer Michael, et al. Single cell–type analysis of cellular lipid remodelling in response to salinity in the epidermal bladder cells of the model halophyte *Mesembryanthemum crystallinum* [J] . Plant, cell & environment, 2018, 41(10): 2390–2403.

[149] Barkla Bronwyn J, Vera–Estrella Rosario, Raymond Carolyn. Single–cell–type quantitative proteomic and ionomic analysis of epidermal bladder cells from the halophyte model plant *Mesembryanthemum crystallinum* to identify salt–responsive proteins [J] . BMC plant biology, 2016, 16(1): 110.

[150] Barkla B J, Rhodes T. Developmental and salinity related endopolyploidy in the model halophyte *Mesembryanthemum crystallinum* [J] . Molecular Biology of The Cell, 2016, 27.

[151] Barkla Bronwyn J, Vera–Estrella Rosario, Pantoja Omar. Protein profiling of epidermal bladder cells from the halophyte *Mesembryanthemum crystallinum* [J] . Proteomics, 2012, 12(18): 2862–2865.

[152] Barbara Gabara, Elżbieta Kuźniak, Maria Skłodowska, et al. Ultrastructural and metabolic modifications at the plant–pathogen interface in *Mesembryanthemum crystallinum* leaves infected by Botrytis cinerea [J] . Environmental and Experimental Botany, 2011, 77: 110.

[153] Barker David H, Marszalek Jeff, Zimpfer Jeff F, et al. Changes in photosynthetic pigment composition and absorbed energy allocation during salt stress and CAM induction in *Mesembryanthemum crystallinum* [J] . Functional plant biology: FPB, 2004, 31(8): 781–787.

[154] Barkla, Vera–Estrella, Maldonado–Gama, et al. Abscisic acid induction of vacuolar H^+–ATPase activity in *Mesembryanthemum crystallinum* is

developmentally regulated [J]. Plant physiology, 1999, 120(3): 811–819.

[155] Barkla B J, Zingarelli L, Blumwald E, et al. Tonoplast Na^{+}/H^{+} Antiport Activity and Its Energization by the Vacuolar H^{+}–ATPase in the Halophytic Plant *Mesembryanthemum crystallinum* L. [J]. Plant physiology, 1995, 109(2): 549–556.

[156] Baur B, Fischer K, Winter K, et al. cDNA sequence of a protein kinase from the inducible crassulacean acid metabolism plant *Mesembryanthemum crystallinum* L., encoding a SNF–1 homolog [J]. Plant physiology, 1994, 106(3): 1225–1226.

[157] Baur B, Dietz K J, Winter K. Regulatory protein phosphorylation of phosphoenolpyruvate carboxylase in the facultative crassulacean–acid–metabolism plant *Mesembryanthemum crystallinum* L. [J]. European journal of biochemistry / FEBS, 1992, 209(1): 95.

[158] Beate Rockel, Ulrich Lüttge, Rafael Ratajczak. Changes in message amount of V–ATPase subunits during salt–stress induced C3–CAM transition in *Mesembryanthemum crystallinum* [J]. Plant Physiology and Biochemistry, 1998, 36(8): 567–573.

[159] Bohnert H J, Cushman J C. The ice plant cometh: Lessons in abiotic stress tolerance [J]. Journal of Plant Growth Regulation, 2000, 19(3): 334–346.

[160] Bolte S, Schiene K, Dietz K J. Characterization of a small GTP–binding protein of the rab 5 family in *Mesembryanthemum crystallinum* with increased level of expression during early salt stress [J]. Plant molecular biology, 2000, 42(6): 923–936.

[161] Bouftira Ibtissem, Mgaidi Imen, Sfar Souad. Dosage of 2, 6–Bis (1,1–Dimethylethyl)–4–Methylphenol (BHT) in the Plant Extract

Mesembryanthemum crystallinum [J] . Journal of Biomedicine and Biotechnology, 2010.

[162] Bouftira I, Abdelly C, Sfar S. Characterization of cosmetic cream with *Mesembryanthemum crystallinum* plant extract: influence of formulation composition on physical stability and anti-oxidant activity [J] . International journal of cosmetic science, 2008, 30(6): 443–452.

[163] Bremberger C, Lüttge U. Dynamics of tonoplast proton pumps and other tonoplast proteins of *Mesembryanthemum crystallinum* L. during the induction of Crassulacean acid metabolism [J] . Planta, 1992, 188(4): 575–80.

[164] Bronwyn Jane Barkla, Rosario eVera-Estrella. Single cell-type comparative metabolomics of epidermal bladder cells from the halophyte *Mesembryanthemum crystallinum* [J] . Frontiers in Plant Science, 2015, 6: 435.

[165] Broetto Fernando, Monteiro Duarte Heitor, Lüttge Ulrich. Responses of chlorophyll fluorescence parameters of the facultative halophyte and C3-CAM intermediate species *Mesembryanthemum crystallinum* to salinity and high irradiance stress [J] . Journal of plant physiology, 2007, 164(7): 904–912.

[166] Broetto Fernando, Lüttge Ulrich, Ratajczak Rafael. Influence of light intensity and salt-treatment on mode of photosynthesis and enzymes of the antioxidative response system of *Mesembryanthemum crystallinum* [J] . Functional plant biology: FPB, 2002, 29(1): 13–23.

[167] Calvo Marta María, MartínDiana Ana Belén, Rico Daniel, et al. Antioxidant, Antihypertensive, Hypoglycaemic and Nootropic Activity of a Polyphenolic Extract from the Halophyte Ice Plant (*Mesembryanthemum crystallinum*) [J] . Foods, 2022, 11(11): 1581.

[168] Chauhan S, Forsthoefel N, Ran Y, et al. Na^+/myo-inositol symporters and Na^+/H^+-antiport in *Mesembryanthemum crystallinum* [J] . The Plant journal: for cell and molecular biology, 2000, 24(4): 511-522.

[169] Michalowski C B, Schmitt J M, Bohnert HJ. Expression during Salt Stress and Nucleotide Sequence of cDNA for Ferredoxin-$NADP^+$ Reductase from *Mesembryanthemum crystallinum* [J] . Plant Physiology, 1989, 89(3): 817-822.

[170] Chehab E Wassim, Patharkar O Rahul, Cushman John C. Isolation and characterization of a novel v-SNARE family protein that interacts with a calcium-dependent protein kinase from the common ice plant, *Mesembryanthemum crystallinum* [J] . Planta, 2007, 225(4): 783-799.

[171] Chih-Pin Chiang, Won Cheol Yim, Ying-Hsuan Sun, et al. Identification of ice plant (*Mesembryanthemum crystallinum* L.) microRNAs using RNA-Seq and their putative roles in high salinity responses in seedlings [J] . Frontiers in Plant Science, 2016, 7: 1143.

[172] Choi Joo-Hee, Jo Sung-Gang, Jung Seoung-Ki, et al. Immunomodulatory effects of ethanol extract of germinated ice plant (*Mesembryanthemum crystallinum*) [J] . Laboratory animal research, 2017, 33(1): 32-39.

[173] Chauhan Sanjay, Forsthoefel Nancy, Ran Yingquing, et al. Na^+/myoinositol symporters and Na^+/H^+-antiport in *Mesembryanthemum crystallinum*: Salinity-induced sodium transporters [J] . The Plant Journal, 2000, 24(4): 511-522.

[174] Chu C, Dai Z, Ku M S, et al. Induction of Crassulacean Acid Metabolism in the Facultative Halophyte *Mesembryanthemum crystallinum* by Abscisic Acid [J] . Plant physiology, 1990, 93(3): 1253-1260.

[175] Claudia Villicaña, Norberto Warner, Mario Arce-Montoya, et al. Antiporter

NHX2 differentially induced in *Mesembryanthemum crystallinum* natural genetic variant under salt stress [J] . Plant Cell, Tissue and Organ Culture (PCTOC), 2016, 124(2): 361–375.

[176] Cosentino C, Fischer-Schliebs E, Bertl A. Na^+/H^+ antiporters are differentially regulated in response to NaCl stress in leaves and roots of *Mesembryanthemum crystallinum* [J] . New Phytol, 2010, 186(3): 669–680.

[177] Cosentino Cristian, Di Silvestre Dario, Fischer-Schliebs Elke, et al. Proteomic analysis of *Mesembryanthemum crystallinum* leaf microsomal fractions finds an imbalance in V-ATPase stoichiometry during the salt-induced transition from C3 to CAM [J] . The Biochemical journal, 2013, 450(2): 407–415.

[178] Cosentino Cristian, Fischer-Schliebs Elke, Bertl Adam, et al. Na^+/H^+ antiporters are differentially regulated in response to NaCl stress in leaves and roots of *Mesembryanthemum crystallinum* [J] . The New phytologist, 2010, 186(3): 669–680.

[179] Cristian C, Elke F S, Adam B. Na^+/H^+ antiporters are differentially regulated in response to NaCl stress in leaves and roots of *Mesembryanthemum crystallinum* [J] . New Phytologist, 2010, 186 (3) : 669–680.

[180] Cushman John C, Tillett Richard L, Wood Joshua A, et al. Large-scale mRNA expression profiling in the common ice plant, *Mesembryanthemum crystallinum*, performing C3 photosynthesis and Crassulacean acid metabolism (CAM) [J] . Journal of experimental botany, 2008, 59(7): 1875–1894.

[181] Cushman J C, Wulan T, Kuscuoglu N, et al. Efficient plant regeneration of *Mesembryanthemum crystallinum* via somatic embryogenesis [J] . Plant cell reports, 2000, 19(5): 459–463.

[182] Cushman J C, Meiners M S, Bohnert H J. Expression of a phosphoenolpyruvate

carboxylase promoter from *Mesembryanthemum crystallinum* is not salt-inducible in mature transgenic tobacco [J]. Plant molecular biology, 1993, 21(3): 561–566.

[183] Cushman J C, Bohnert H J. Salt stress alters A/T-rich DNA-binding factor interactions within the phosphoenolpyruvate carboxylase promoter from *Mesembryanthemum crystallinum* [J]. Plant molecular biology, 1992, 20(3): 411–424.

[184] Cushman J C. Characterization and expression of a NADP-malic enzyme cDNA induced by salt stress from the facultative crassulacean acid metabolism plant, *Mesembryanthemum crystallinum* [J]. European journal of biochemistry, 1992, 208(2): 259–266.

[185] Cushman J C, Bohnert H J. Nucleotide sequence of the gene encoding a CAM specific isoform of phosphoenolpyruvate carboxylase from *Mesembryanthemum crystallinum* [J]. Nucleic acids research, 1989, 17(16): 6745–6746.

[186] Dan Q. Tran, Ayako Konishi, John C. Cushman, et al. NaCl-stimulated ATP production in mitochondria of the common ice plant, *Mesembryanthemum crystallinum* L. [J]. Plant Production Science, 2019.

[187] K Winter, R Gademann. Daily Changes in CO_2 and Water Vapor Exchange, Chlorophyll Fluorescence, and Leaf Water Relations in the Halophyte *Mesembryanthemum crystallinum* during the Induction of Crassulacean Acid Metabolism in Response to High NaCl Salinity [J]. Plant Physiology, 1991, 95(3): 768–776.

[188] Davies B N, Griffiths H. Competing carboxylases: circadian and metabolic regulation of Rubisco in C3 and CAM *Mesembryanthemum crystallinum* L.[J]. Plant, Cell & Environment, 2012, 35(7): 1211–1220.

[189] DeRocher E J, Quigley F, Mache R, et al. The six genes of the Rubisco

small subunit multigene family from *Mesembryanthemum crystallinum*, a facultative CAM plant [J]. Molecular & general genetics: MGG, 1993, 239(3): 450–462.

[190] DeRocher E Jay, Quigley Francoise, Mache Regis, et al. The six genes of the Rubisco small subunit multigene family from *Mesembryanthemum crystallinum*, a facultative CAM plant [J]. Molecular and General Genetics MGG, 1993, 239(3): 450–462.

[191] DeRocher E J, Ramage R T, Michalowski C B, et al. Nucleotide sequence of a cDNA encoding rbcS from the desert plant *Mesembryanthemum crystallinum* [J]. Nucleic acids research, 1987, 15(15): 6301.

[192] Demmig B, Winter K. Sodium, potassium, chloride and proline concentrations of chloroplasts isolated from a halophyte, *Mesembryanthemum crystallinum* L. [J]. Planta, 1986, 168(3): 421–426.

[193] Ostrem J A, Vernon D M, Bohnert H J. Increased expression of a gene coding for NAD: glyceraldehyde–3–phosphate dehydrogenase during the transition from C3 photosynthesis to crassulacean acid metabolism in *Mesembryanthemum crystallinum* [J]. The Journal of biological chemistry, 1990, 265(6): 3497–3502.

[194] Ostrem J A, Olson S W, Schmitt J M, et al. Salt Stress Increases the Level of Translatable mRNA for Phosphoenolpyruvate Carboxylase in *Mesembryanthemum crystallinum* [J]. Plant physiology, 1987, 84(4): 1270–1275.

[195] Patharkar O R, Cushman J C. A stress–induced calcium–dependent protein kinase from *Mesembryanthemum crystallinum* phosphorylates a two–component pseudo–response regulator [J]. The Plant journal: for cell and molecular biology, 2000, 24(5): 679–691.

[196] He Jie, Qin Lin, Chong Emma L. C., et al. Plant Growth and Photosynthetic Characteristics of *Mesembryanthemum crystallinum* Grown Aeroponically under Different Blue- and Red-LEDs [J]. Frontiers in Plant Science, 2017, 8: 361.

[197] Piepenbrock M, Schmitt J M. Environmental Control of Phosphoenolpyruvate Carboxylase Induction in Mature *Mesembryanthemum crystallinum* L. [J]. Plant physiology, 1991, 97(3): 998-1003.